墨香财经学术文库

U0674670

全国统一排污权交易市场监管建设研究

Research on the Construction of the Supervision of
National Unified Emission Rights Trading Market

陈昕 著

东北财经大学出版社 大连
Dongbei University of Finance & Economics Press

图书在版编目（CIP）数据

全国统一排污权交易市场监管建设研究 / 陈昕著．一大连：东北财经大学出版
社，2023.10
（墨香财经学术文库）
ISBN 978-7-5654-4956-7

Ⅰ.全…　Ⅱ.陈…　Ⅲ.排污交易-市场监管-研究-中国　Ⅳ.X196

中国国家版本馆CIP数据核字（2023）第169431号

东北财经大学出版社出版发行

　大连市黑石礁尖山街217号　邮政编码　116025
　网　　址：http：//www.dufep.cn
　读者信箱：dufep @ dufe.edu.cn
大连永盛印业有限公司印刷

幅面尺寸：170mm×240mm　字数：132千字　印张：9.25　插页：1
2023年10月第1版　　　　　2023年10月第1次印刷
责任编辑：张晓鹏　　　　　　责任校对：刘贤恩
封面设计：原　皓　　　　　　版式设计：原　皓
定价：58.00元

前言

　　近些年来，无论是在发达国家还是在发展中国家，生态环境问题都已成为制约经济和社会发展的重大问题。2012年，党的十八大强调要"把生态文明建设放在突出地位"，将生态文明建设纳入中国特色社会主义事业"五位一体"总体布局，"美丽中国"成为中华民族追求的新目标。党的十八大以来的10余年间，我国生态环境建设取得历史性成就，生态文明顶层设计逐步完善、生态环保法治建设不断健全。2022年，党的二十大进一步提出要"推动绿色发展，促进人与自然和谐共生"，"推进美丽中国建设"，"推进生态优先、节约集约、绿色低碳发展"。

　　排污权交易起源于美国，是指在一定区域内，在污染物排放总量不超过允许排放量的前提下，内部各污染源之间通过货币交换的方式相互调剂排污量，从而达到减少排污量、保护环境的目的。我国于20世纪80年代引入排污权交易制度。建立排污权有偿使用和交易制度，是我国环境资源领域一项重大的、基础性的机制创新和制度改革，是生态文明体制改革的重要内容，是从源头实现节能减排和经济高质量发展的重要途径，也是实现2030年前碳达峰、2060年前碳中和、走绿色发展的必由之路。排污权交易制度已经在我国多个省区市试点实施并取得了显著效果，实现了污染物排放量的有效减少，为环境保护提供了重要保障，但也暴露出一些问题，突出的是排污权交易市场不规范，缺乏有效的监管制度和政策措施等。为有效发挥排污权交易对企业节能减排的作用，政府必须制定行之有效的政策、法规，规范交易市场秩序，建立完善的监管制度和体系。本书对全国统一排污权交易市场监管建设问题进行了探讨，希望能够抛砖引玉，为我国排污权交易市场发展、推进生态文明建设做出贡献。

除封面署名作者外，刘丽、陈维宇、靳辉等研究生也参与了本书的资料搜集整理工作，为本书的完成付出了辛勤劳动。此外，东北财经大学出版社对本书的出版给予了大力支持，相关编辑在本书修改、校订工作中付出了辛勤劳动，在此，我们表示诚挚的谢意！

作　者

2023 年 6 月

目录

第一章 绪 论

一、研究目的

近年来，以污染环境为代价的经济粗放式发展，逐渐成为困扰人们的难题，学者们一直致力于研究经济发展和环境保护平衡的方式。排污权交易这一制度集经济和环保于一身，在国外取得了良好的发展，成效显著。排污权交易制度起源于20世纪70年代的美国，我国于30多年前引入这一制度，在试点地区进行实践探索，取得了不错的成效。2014年发布的《国务院办公厅关于进一步推进排污权有偿使用和交易试点工作的指导意见》以及2015年通过的《生态文明体制改革总体方案》都强调，要健全生态环境污染的治理和生态环境保护的市场体系，推动排污权交易市场发展，实现经济效益和环境效益的双重目标。这既发挥了市场机制的积极作用，也表明了我国对环境污染治理的决心。当前，我国积极推动排污权市场交易，并逐渐明确了其对经济和环境的作用；从试点地区的不断探索到这一制度的不断完善推广，我国对排污权交易市场的认识随着逐渐积累的经验而不断深化，正朝着全面推进排污权交易市场建设的方向不断前进。

排污权交易以政府控制总量的方式，对企业排放的污染物进行限制，以达到改善空气质量、治理大气污染的目的。由于排污单位的规模和治污能力等不同，自然就产生了排污权的需求方和盈余方，从而进行排污权交易。企业进行排污权交易主要出于企业利益最大化或者社会责任等的考量，超额排放污染物会受到处罚。环境污染治理目标的实现，离不开排污权在各交易主体之间的流转，价格的高低对排污权的流转影响重大，过高或过低都不利于排污权的交易。此时，政府的调节和监管就显得尤为重要。排污权交易制度体系涵盖了总量核定、初始分配、交易、价格以及监管等内容，法律和法规的强制约束力、在线监测技术以及由政府、第三方机构和公众等参与建设的监督机制构成了监管体系。这一监管体系以政府为主导，覆盖了交易的全过程，需具备专业性等条件。排污权交易市场的正常运转离不开高效健全的监管机制，即对每一个交易环节进行监督，防范各种不合规行为的出现，推动交易市场良性发展，取得污染治理效果。

随着排污权交易试点工作的不断推进，其在取得成效的同时，所带来的问题更应该引起重视。这是对健全排污权交易制度的必要认知。排污权交易市场由政府创建，且采取以政府为监管主体的监管模式；在交易一级市场中，排污权由政府进行初始分配，在二级市场中政府监督各主体的交易，政府对排污权交易的影响举足轻重。本书首先对国内外排污权交易市场的理论机制和监管机制进行综述评论，对国内排污权交易、碳排放以及用能权交易的监管现状和特征进行分析，并采用扎根理论对影响排污权交易的行为因素进行系统分析，以及采用价值网络模型和博弈模型对排污权交易的监管机制进行分析，提出切实可行的保障措施。研究排污权交易市场的监管机制并进行完善，是保证排污权交易顺利进行、良好发展的前提条件，也是推动我国全面建设排污权交易市场的必要保障，从而推动改善生产结构，加快经济转型，建设生态文明，治理环境污染，也有助于推动全球性节能减排，为解决全球环境污染问题提供经验和思路，为构建人类命运共同体重要战略的实施增砖添瓦。

二、研究意义

相较于英、美等国家，中国排污权交易市场建设起步较晚，且还处于试点探索阶段。在各试点的排污权交易中，竞价方式存在差异、企业参与度不高、交易市场尤其是二级市场不活跃、监管不力、规则不统一等问题阻碍了排污权交易市场的发展。因此，对其监管机制进行研究和完善就显得极为重要。这对推动全国排污权交易市场的发展、实现经济和环境保护协同发展，具有重要的理论和现实意义。

（一）理论意义

首先，在排污权交易尚处于初始阶段、各方面发展不完善的情形下，对其监管机制进行详细的分析，是推动排污权交易市场健全良性发展的前提条件。在排污权交易市场中，政府监管是其主导方式，且排污权交易市场是政府主动创建的，对政府及其他监管主体的监管现状、特征、问题以及原因等进行分析，可以完善排污权交易制度，从而推动排污权交易市场高效运转。其次，排污权交易市场在我国实际上是政府和市场有效结合的又一生动体现，以政府为监管主体的排污权交易也是市场发挥基础作用的治污方式，而对排污权交易监管机制进行研究，旨在厘清政府和市场的关系并明确其定位，更好地发挥"有为政府"和"有效市场"的作用，从而推动全国排污权交易市场健全发展。再次，随着对环境治理的不断探索，环境治理监管方式也在不断地发生变化，如从行政监管模式向以经济手段进行治理的方式转变。但是如何适时高效地进行制度方式的转变，需要进行全面的可行性分析，为政府及其他监管主体提供高效的解决方案。最后，目前理论界对排污权交易制度尤其是监管机制研究甚少，缺乏系统分析，本书为中国排污权交易理论体系提供了有益的补充，丰富了相关研究的成果。

（二）现实意义

伴随着经济的发展，环境污染程度加深，环保工作逐渐受到国家的重视，人们对美好环境的需求也越来越明显，而排污权交易作为一项重要的有助于控制环境污染的经济型政策，逐渐走入人们的视野。

对排污权交易市场监管机制进行研究，有利于解决当前交易市场政府过度干预、监管不足、多头监管以及交叉监管等问题，降低政府"权力寻租"的可能性，提高监管效率和透明度。这也是推动排污权交易顺利进行的必要条件。第一，有利于弥补排污权交易自身的不足。提升资源配置效率最有效的方法是利用市场机制，但是纯粹的市场机制有着自发性、盲目性和滞后性等特点，完全依靠市场不仅达不到预期目标，还可能导致市场失灵。而没有市场机制，排污权交易则失去了意义，因此需要政府进行适当的干预并监管。排污权交易一级市场由政府进行主导；在二级市场中，由市场进行主导。现实交易中各种因素交互作用，不能形成完全竞争的市场结构，仅靠市场加大了风险。如果完全由市场进行调控，排污权则容易集中于财力雄厚的企业，出现排污权垄断现象。政府必须对排污权的总量分配和交易活动进行把控，使交易有序进行。排污权作为一种公共产品，政府掌握着较为全面的信息，对信息的充分了解是企业顺利开展排污权交易的前提，政府要为企业提供其所需的信息，减少企业的交易成本，提高企业参与的积极性。第二，有利于维护公平的排污权交易市场环境。排污权交易市场环境公平与否，直接决定了排污权交易能否顺利进行。由于市场是趋利性的，仅靠市场难以形成公平的交易环境，必须由政府进行调控。公平的排污权交易市场环境，有利于发挥资源的配置作用，增强企业参与排污权交易的积极性，激活排污权交易市场，防止排污权垄断现象的出现。在积极推进"有为政府，有效市场"的背景下，发挥政府对排污权交易市场的宏观调控和监管作用，是排污权交易制度的应有之义。在排污权交易市场的准入、规则制定、秩序维持以及交易后的监管等方面，政府应发挥巨大的作用，为排污权交易市场提供一个公平的交易环境。第三，有利于发挥排污主体的积极性。在排污权交易二级市场中，排污企业可以根据自己的需要进行指标购买。若排污权的价格高，排污企业为了节省成本，会倾向于提高自己的生产技术或者减排技术等，进行生产方式的转变，减少成本，节约能源消耗，在提高利润的基础上，推动产业合理化、高级化。政府主要对排污权交易的总量控制、规则制定、市场培育以及秩序维护等方面进行监管，全新的监管模式激发了企业参与排污权交易或者进行技术革新的积极性，同时采用竞价模式对排污权交易进行拍卖增加了政府的财政收入。第四，排污权交易制度可以提高中国污染治理效率和水平。结合经济发展和环境保护的实践，不断对排污权交易制度进行完善，能满足我国在环境污染治理方面的需要，也是对绿色发展理念的践行。第五，由于环境污染具有负外部性，必须以合理的制度进行制约，使排污单位的私人成本和社会成本紧密相联，这样才能大幅度减少社会福利的损失，实现经济效益和环境效益的双赢。因此，探讨我国排污权交易市场的交易监管情况，对推动后期排污权交易实践具有重要指导意义，也是深化推动排污权交易工作的实际需要。

三、创新点和不足

(一) 本书的创新点

第一，排污权交易市场尚处于初始阶段，发展不完善，尤其在交易监管方面存在疏漏，且缺少相关内容的分析，建立健全监管机制对推动排污权交易市场建设意义重大。在排污权交易市场监管的相关内容上，主要集中于监管力量、总量控制以及政府对二级市场的干预等，方向存在局限性，比较单一。本书在丰富排污权交易市场监管的研究素材时，也提供了新的研究方向。

第二，本书在对排污权交易市场监管行为进行影响因素识别时，采用不同于以往研究方法的扎根理论，和实际资料紧密结合，并上升到具有理论和现实意义的价值层面；同时，基于价值网络模型对排污权交易的市场监管行为进行分析。

第三，本书采用演化博弈模型对排污权交易市场各交易监管主体的合规性及其潜在违约风险、要素流动配置效率等进行测度和评价，探求各自收益的均衡点，从而合力推动排污权交易市场的良性发展。

第四，本书根据传导机制以及对模型的分析，从排污权交易监管平台视角出发，针对初步构建、日常服务、系统评价和运行维护等方面对排污权交易监管平台进行完善。

（二）本书的不足

当前，中国排污权交易市场处于初始阶段，各项制度、规则尚不完善，还在不断进行摸索、总结经验；企业参与的积极性并不是很高，且相关权威文献资料较少，从而使本书研究得不够深入，尤其是微观角度。

第二章 国内外相关研究现状

第一节 国内研究现状

上海市是我国最早实行排污权交易试点的城市,包括数量管理和许可制度,都是首次在上海市试点。30多年间,60余家黄浦江沿岸企业开展了有偿转让COD(化学需氧量)数量管理等项目,排污权交易累计达到30多次。排污权有偿利用与交换机制是生态文明体系构建的重要内容,也是生态管理方面重要的、根本性的机制创新与体制变革。我国的排污权交易比国外晚20多年,在排污权交易探索的实践中多以试点为主,大规模推行较晚,相关研究在总量和深度上与国外存在一定的差距,但在探索过程中仍具有一定的中国特色和价值。

一、政府在排污权交易中发挥的作用研究

运用社会主义市场经济的法律制度来处理环境问题是中国排污权交易的实质。钱水苗(2005)认为,这一社会主义市场经济行为在中国顺

利运行需要满足的前提条件就是，确定政府部门在中国排污权交易中的职责与地位；而经过对中国排污权交易的实际调查与分析也发现，由于政府的政策缺少科学性和适度性，在对排污权交易的干预方面，政府部门往往很难意识到自身在排污权交易中的角色与职责。郭思哲（2013）则认为，政府必须进行宏观调控，制定严格的环保规范成为其常用方法。此外，政府还应借助排污权收购价格对环境污染进行总量控制，从而使中国的排污权交易价格变动。政府也能够将排污权完全掌握在自己的手中，通过进入市场收购排污权降低污染程度，然后过一段时间再出售。胡彩娟（2018）认为，在政府部门之间应该建立保障和引导排污权交易市场协作发展的机制。就国家层面的法规和机制而言，提高其权威性是最佳改革方式，也可以减少既得利益群体对改革的阻碍；同时，政府要把立法理念转化为具体的经济发展策略和计划，对立法的具体落地问题要给予充分关注，更加重视国家层面的高层次战略性安排。再者，政府要重视交易过程的规范性，在最开始就对行业的宏观调控和标准化建设给予足够的重视，即政府在初创阶段要注重"立法先行、规划跟进"。

甄杰（2009）认为，政府的主要作用是提高交易主体参与市场活动的积极性。要提高占有排污权的成本，可以征收排污权占有税，减弱排污权交易中卖方的惜售心理；对超标排污这种行为采取更加严厉的处罚措施，使得排污成本增加，从而使买方积极购买适合他的排污权。这样，买卖双方交易的积极性就会大大提高，从而提升市场交易的参与度。这样排污权交易市场的构建就能更加顺利地进行。刘贞（2009）认为，政府通常依据环境容量确定排污总量，并规定一个长期排污总量目标为环境容量，要求在环境容量内交易，从而达到减排目标。郑志来（2015）认为，流域管理机构和区域政府管理部门主要靠行政手段无偿分配排污权。当然，随着环境要求的提高，流域排污权总量应逐级递减。也就是说，存量资源分配应按比例动态微调，保证各区域公平。对地方二级市场的建设要采取更为正面的政策引导措施，并使市场主体和地方政府部门之间的合作关系更为融洽。

现在，虽然通过各部门的通力合作，已基本实现排污权交易覆盖全国大部分地区和形成一级交易市场，但在二级交易市场，排污权交易（即各公司内部的排污权交易）却不够活跃。出现这一现象的根本原因就是不健全的政府法规体系，使得对市场经济的调节仅仅通过部门的行政措施来进行。要解决这个问题，政府部门必须要在"立规则，当裁判"上下功夫，即转变其职能。在进行上市交易前，政府部门要对公司的情况进行审查，即对一个公司是否具备排污权交易的能力进行重点检查；要制定符合市场标准和交易规则的排污权价格；对其价格规则也要给予足够的重视，特别是在交易量方面，应由买卖双方协调确定，让市场调节的作用得到有效发挥。最后，要建立以二级交易市场为主导的价格体系。同时，为配合市场"看不见的手"和政府"看得见的手"的功能发挥，要通过适当的优惠政策和补贴措施来促进符合条件的公司开展排污权交易，以活跃二级市场。李寿德（2000）认为，市场经济手段在排污权交易中具有重要作用，但是排污权交易的特殊性质，使得合理地控制排污权交易仍需政府采取调控行为。这就要求政府除了要制定合理的交易制度之外，还要将优化污染物排放总量考虑进来。

我国政府出台排污权交易制度的目的除了推动环保资源的优化配置、鼓励企业主动处理污染物之外，还包括推动污染总量的进一步下降。因此，政府在经济杠杆的支持下，以排污权为基础棋子，按一定比率更改产权区域设置，从而逐步地通过减少污染物排放量，使政府在排污权交易中的宏观调控能力进一步提高。积极处理特别情形对排污权交易也十分重要，欧美等西方发达工业国家的排污权交易成果与理论实践证明，有部分特别情形会发生在污染企业破产或被并购时，要积极鼓励这些企业将排污权作为公司的相应财产，履行相应程序，政府最好不要收回。

胡民（2011）认为，虽然环境污染内部化的困难很大，外部性很强，但只要进行制度创新，明晰排污权的产权归属，科学合理地分配初始排污权，采取措施解决排污权交易市场失灵问题，强化排污权市场监管体系建设，加大环保执法力度，增强国民的环境保护意识，加强排污权交易制度的外部监督；同时，大力营造诚信社会环境，提高排污权交易制度的实施效率，完善对地方政府的业绩考核指标体系，实施绿色

GDP 考核制度，排污权交易制度就能保持强大的生命力，具备在全国全面推行的可能性，进而真正实现环境友好型社会的宏伟目标。景国文（2022）认为，为促进地区经济高质量发展，还需要推行提高二氧化硫排污费征收标准和低碳城市试点等政策。因此，政府应通过碳排放权交易试点及与其他措施互相配合，增强彼此之间的凝聚力，以促进区域经济高质量发展。

二、排污权初始分配的相关研究

排污权初始分配问题是排污权交易市场普遍存在的争议点和难点。美国大部分学者认为，初始排污权应该免费分配，但缺乏参照基础或依据，寻求这一基础的目的不在于效率，而在于公平。好的分配方式不一定就是免费分配，这要根据各国的实际来判断。由于中国目前面临所管理企业的能力不同、保护环境的经费不充分等问题，所以可采取几种不同的初始分配方法，包括将免费分配与特殊处理方式相结合、公开拍卖、低价出售等。当前，中国正处于向市场经济转型的升级阶段，在企业的生存、发展方面，排污权起着至关重要的作用。要保证企业竞争地位的平等、环境资源利用的公平，必须付出一定的代价来获得这种权利。国家可实行有偿转让的政策来处理大部分排污权，这样既能保证企业之间公平竞争，国家还会获得部分利益。这就出现了中国排污权交易的第一个难点——排污权初始分配问题。

在当前与未来环境污染的相关处理上，怎样才能进行排污权的合理分配？对环境污染外部成本的内在化与扭曲的市场价值的修正，是采用公开拍卖还是明码标价方式抑或两种方式都可？早期研究者在讨论中，基本过滤掉了排污权的初始分配问题，但其税收收入作为地方政府财力的一部分，对地方政府也是相当有利的，不会像所得税或营业税那样会对地方金融市场产生扭曲影响。但在人们不想缴费这种心理的阻力下，这种有偿的初始分配遇到了困难；而公开拍卖机制也受到了排污权交易市场规模较小的限制，导致价格难以找到一个平衡点。在此情况下，部分学者提出了更具有可操作性的免费分配方式。

近年来，由于美国等西方国家不断推行初始排污权交易机制，排污权的初始分配问题也被更多的市场经济学家们注意到；按照一定的经济学基础，为排污权定价有这样两种方法，即公开拍卖和标价出售。虽然各厂商很喜欢通过免费的方式来取得排污权，但二次交易的定价基础却无法确定。甄杰（2009）、任浩（2009）提出，排污权的初始分配宜采用有偿方法，即根据有偿使用后的排放指标，利用排污权交易市场，进行排污权的再分配。政府部门可以采取适当的宣传和健全法规、机制等办法，解决对无偿占有污染指标的单位实施全面的污染产权改造，以及企业改制中存在的抵触心理和改造后部分公司可能操纵交易市场的问题。李寿德（2000）指出，每个污染源获得或占有多少排污权以及排污权的初始分配，直接决定着排污权交易机制操作的公平性、有效性、效率等问题；而且主要污染管理成本是由污染许可制度产生的，可交易的排污权也具有财产权的性质，因此排污权交易是一项技术性和政策性很强的工作，需要建立一套分配机制来确保其科学合理、公平有效。

就当前的情况而言，张进财（2020）认为，排污权初始分配制度仍面临着较多的问题，如缺乏公开公正，指标分配不够规范，以及在一定的范围内对排污权数量无法进行合理控制。在这样的情形下，相关公司便没必要从二级市场采购排污权配额，可以直接从一级市场中无偿获取，所以排污权交易问题也就没有得到广泛重视。同时，环保资源的匮乏程度、市场供求关系、区域经济社会发展水平等多种因素，持续地影响着企业有偿使用排污权。此外，鉴于目前排污权定价依据并不清晰，还存在着有偿使用价格相关制度的制定严格依据政府职能部门的规定和有偿使用年限不均衡等突出问题，所以排污权有偿使用价格制度也不健全，亟需进一步完善。例如，各地区的有偿使用期限虽然都在20年以内，但是具体时间长短不同。此外，二氧化硫排污费的收取标准也各不相同，根据有偿使用价格在每年折算的数据，每年平均每吨价值为100～2 000余元，而化学需氧量也在200～4 000余元的水平内，它们的差别可见一斑。赵细康（2009）认为，国内多数地方过分关注初始排污权的有偿使用。为确定一个合理的初始分配价格，许多地方在前期花费大量人力和物力开展污染边际治理成本测量，这种做法存在许多争议。

三、排污权交易市场监管的法律问题

对于排污权交易市场监管，现在有几种截然不同的说法，如行政许可性权利说、环境保护权说、准物权说、用益物权说、无形财产权说和职能权说等。这些说法间的内涵差异很明显，且一般都从环境权利的路径来论述排污权的法律性质。行政许可性权利说主张通过赋予排污单位开展某项活动的权利，来规定其最高排污量，允许其在限量内排污。环境保护权说涉及许多权利，主张"环境保护权是一项宝贵的人权，公民和中国企业法人对环境的所有权和依法排污权都是构建在环境保护权这个'属权利'基石上的'子权利'"。准物权说则主张排污权作为一项他物权，不以担保债权的实施为目的。研究者们一般将排污权界定为准物权，但又因其与普通的用益物权在权利对象、法律效力等方面有很大差别，故认为排污权是一项涉及环境保护容积范围的权利，是指权利人依法自主对环境容量资源的取得、利用和收益，而无相应的义务（人）的权利。此即用益物权说的主要观点。无形财产权说主张"可以利用排污权进行污染治理，能够带来收益，且交易对象无形"。职能权说是在对传统物权的利益内涵进行拓展的新物权的研究基础上提出的，主张"在排污权市场主体和政府部门的行政隶属关系中重视排污权的特性，排污权是财产权中'非基本权利'的'职能权利'"。

虽然研究者们的着眼点不同，但他们都将排污权定义为一种权利，而且总结出它拥有下列特征：第一，权利主体中不包含人格，因为从实际操作层面或是从排污权交易制度设计之初的目的来看，有学说（者）认为排污权的权利主体一般是由个人与公司共同组成的。第二，交易排污权的目的是减少能耗、环保，为了"贸易"而划分了权利，但是想要支撑整体排污权交易制度，仅仅以私法自治为主要规制手段是远远不够的，法律手段也应融入其中，在行政机关、大众的监督和管控下，排污权的初始分配相比私法自治更加高效。第三，权利对象和中国传统民法中对权利行为客体的规定并不相同，其所指的本体对环境容量并不具有明确的排他性以及严格的限定性。所以，排污权的新颖性体现为需要用全新的法律概念、技术手段等进行规制，而无法用中国传统民法进行规

制，恰恰这种新颖性导致了这项权利缺乏实质性内容。

在法律层面，有关环境污染防治的法律所涉及的排污权交易也只是象征性的，仅仅明确了要促进排污权交易，并未对如何规范排污权交易进行详细阐述。国家层面的其他法律、法规及部门规章谈及排污权交易的不在少数，但直接规定较少，而且这些规范性文件要么只是对排污权交易制度的构建提出了原则性要求，要么只提及了排污权交易工作，并没有提出制定部门规章、行政法规、法律、地方性法规的时间表和具体要求，一些地区以其不实施污染物总量控制制度为由，把食品、家畜饲养、医药、城乡污水集中处理系统和各类污染处理设备排除在排污权交易市场以外。值得注意的是，尽管一些市场并不实行污染物总量管理，但由于其与一般民众的生活息息相关，所以它产生的污染物总量也是非常大的，如果不实施排污权交易管理，就相当于完全抛弃了对市场机制的利用，错失了处理污染物排放量大户的机会，这与推行排污权交易的根本目的完全相悖。不过可以确认的是，部分地区目前不论是否执行污染物总量监控规定，只要是新污染源，均被列入排污权交易管理范畴，从而基本上做到了对所有新增污染源排污权交易的全覆盖。

虽然我国通过"三同时"制度确立了污染物实时监控系统的法律地位，但这得益于环境、水污染和大气污染等防治法的相互配合。此外，"三同时"机制并未给予中小企业平等待遇，其要求中小企业自己花钱配置和运营不利于自身获取收益的设施，这样部分中小企业就会制造假数据，以使对自己的束缚和经济损失尽可能地降低。

四、排污权交易制度相关研究进展

将排污权交易制度用于环境治理始于20世纪70年代，美国政府将其用于大气污染源治理和排污权贸易中。如今，排污权交易制度已成为不少发达国家利用市场机制减少环境污染的主要方法。中国对排污权交易制度的应用与探索则始于20世纪80年代，在经过了初创（1988—2000年）和摸索（2001—2006年）两个阶段后，自2008年起，财政部、环境保护部（现生态环境部）相继在浙江、江苏、湖南、内蒙古自治区等11个省（区、市）开展排污权交易试点；同时，四川、云南、山东等近10个省（市）也开始在本省（市）实施排污权有偿使用与贸易试点。截至2019年2月，我国共有28个省（区、市）进行了排污权的有偿使用试点。

排污权交易机制对与其相匹配的环保管理体系有着较高要求，对排污权的交易市场规模、分配方法、超总量处罚、排放许可管理制度和交易监控措施等也有着更高的要求。目前，我国的排污权交易机制还不健全，在试验阶段出现了很多问题，且成效也不如西方发达国家显著，主要体现为以地区为试点的排污权交易市场规模过小。当下，我国排污权交易的区域范围和规模都十分有限，且交易是严格按照各省（区、市）范围内污染物排放量标准进行的，行业之间的排污权交易也受到一定的限制。

此外，由于环境条件变得更加严苛，在排污权交易的前景不太明朗的情况下，很多企业宁愿把排污权握在自己的手上不用，也不想由于排污权配额的减少而使公司的生产能力下降，而很多没有被利用的排污权资源也因此闲置了下来，不能再被公司或是政府部门所收购从而得到充分利用。而且，由于一些政策与市场经济手段的推行，包括更加严苛的排污标准、对排污收费或收税等，导致排污权的交易市场与生存空间遭到挤占，从而使得交易范围、规模与流动性都非常有限，而无法发挥社会主义市场经济体制在环保资源配置中的重要作用。

当前，我国排污权交易机制并不完善。污染物排放量的精确核算以及强大的污染源监测系统，是保障排污权交易机制长期健康平稳运转的重要基础。但受环境监测、监管、监察力量欠缺等因素的影响，目前我国各地方政府在初始配额分配、交易状况追溯与审核等方面所进行的排污权交易试点并没有形成科学、统一、规范的管理制度，从而影响了交易的实际效果，甚至给政策的有效实施带来了一定的风险。在我国，部分企业为了拿到排放许可证，往往选择多种排污标准，使得其交易的自主性受到了一定的限制；而由于不同的企业排放的污染物并不相同，因此可能需要进行各种排污权交易，不但涉及二氧化硫、氮氧化物、化学需氧量等，而且涉及烟尘排放权。

五、碳排放权交易发展研究

为了减少全世界二氧化碳的排放量，碳排放者交换（简称碳交易）市场机制被适时地推出来了。《联合国气候变化框架公约》（UNFCCC，以下简称《公约》）在联合国政府间气候变化专门委员会的艰难磋商下，于1992年5月9日通过。1997年12月在日本京都通过的《京都议定书》（以下简称《议定书》）是《公约》的首个附属协定。《议定书》还提出了一种被称为碳交易的市场交易机制，它将二氧化碳的排放量权视为一种交易，将市场机制视为解决以二氧化碳为主体的温室气体减排难题的新途径，并由此产生了关于二氧化碳排放权的市场交易。

国内碳排放交易所包括：北京绿色交易所、天津排放权交易所、上海环境能源交易所、深圳排放权交易所、广州碳排放权交易所、湖北碳排放权交易中心、重庆碳排放权交易中心、四川联合环境交易所和海峡股权交易中心，共9家之多。深圳市的碳排放权交易于2013年6月18日率先启动，产生了1 300余万元的交易额，并且注册了大量个人会员和公益会员。为了便于联系国内各地关注碳排放权交易的组织和个人，各交易所都推出了"足不出户，异地开户"的业务。上海环境能源交易所还利用上海世博会举办之机，推广"世博自愿减排"的活动。

2013年6月18日，我国境内第一个碳排放权交易平台在深圳市推出，标志着我国的碳贸易工作迈出了重要一步。此后，北京、天津、上海、广东、湖北、成都等省市也陆续进行了碳排放权交易实验。通过一年多的实践，各试点地区的碳交易规则已逐步完善。同国外的碳交易所一样，我国的碳交易也包括两个组成部分，即强制碳配额交易和自愿碳交易，其中又以碳配额交易居多。试点的七省区市均规定，在进行碳交易及履约时，排控公司必须采用相应比率的CCER（国家核证自愿减排量）。七个试点区域大都免费发放配额给排控公司，故配额交易的省一级城市大多采取由政府划拨的办法获得碳配额，广东省和湖北省还通过拍卖会或竞标等多种形式，将部分配额有偿发放给排控公司。2014年3月31日，湖北省进行了第一次碳排放权配额竞价转让，即转让数量为200万吨的2013年配额，最后所有配额均售罄。其拍卖底价为20万元/

吨，成交价与底价相同，总交易金额为4 000万元。至2014年，广东省共举行了6次碳排放权配额拍卖会，2014年的交易额为5.59亿港元，累计总成交额约为7.39亿港元。

2017年12月19日，备受瞩目的全国碳排放权交易体系正式启用。当天，国家发展和改革委员会举行电视电话会议，就深入贯彻实施《全国碳排放权交易市场建设方案（电力产业）》做出部署，我国统一的碳交易市场工程就此拉开了序幕。

有关我国碳排放权交易试点措施的探讨，可以包括如下两部分：一是基于我国碳排放权交易试点政策的低碳经济减排效果评价。总体来说，我国的碳排放权交易试点政策可以带动区域的低碳经济发展，从而实现环境效益与经济效益的平衡双赢。黄志平（2018）认为，碳排放权交易试点政策措施可以推动碳减排。刘传明（2019）、孙喆（2019）、张瑾（2019）等利用综合控制法进行研究，认为碳排放权交易试点政策措施可以限制碳排放量。另外，部分专家也通过空间测量的手段，研究了碳排放权交易试点政策对周围区域的作用。董直庆（2021）和王辉（2021）等认为，碳排放权交易试点政策推动了本区域碳减排，政策效果将逐渐增强，同时还具有显著的跨界减排效果。二是有关碳排放权交易试点政策措施的企业创新效果探讨。郭蕾（2022）和肖有智（2022）提出，碳排放权交易试点政策措施可以通过提高企业运行成本和生产出新产品，带动企业技术创新。王为东（2020）和王冬（2020）研究后认为，碳排放权交易试点优惠政策可以激发试点地区的低碳创新，其中以北京和上海的效应最为突出。杨露鑫（2020）与刘玉成（2020）等通过工具变量法研究发现，碳排放权交易试点政策与策略性和实质性创新绩效间具有非线性关联。由上述研究可知，我国有关社会经济高质量发展方面的研究成果相当丰富，研究者从多个视角展开了深入研究，但鲜有学者从碳排放权交易试点政策的视角，探究其对中国经济社会高质量发展产生的深远影响。

国内外有关碳排放权交易研究热点的顺序为"农村土地使用碳排放量的空间结构分异—农村土地使用结果转化的碳汇碳源空间结构变化规律—国土空间规划系统综合分析"。其内容主要包括：其一，关于土地利用的碳排放量核算方法及原理，以及土地利用变化与碳排放量强度之间的关联。其二，通过评估在宏观区位学视野下土地利用空间结构变迁所可能产生的碳源、碳汇等功能转变问题，探寻低碳城镇化的发展途径。其三，突破传统方式的局限，积极探索，为城市土地空间规划的顶层设计、用地管理等具体实施提供重要保障。黄贤金（2014）等人建议，从空间规律、空间环境和土地空间结构（功能）的基础建设等方面，把碳管理目标植入土地空间总规划中，科学合理地进行主要碳源空域管制、碳汇的空域选择，以促进国土中碳排放和土地空间总体规划要素的有机融合，形成面向低碳中和的土地空间结构布局系统。徐一剑（2022）等人创造性地按照"空间结构格局-土地分类-各部门分类-建模方式"的基本架构，首先探索了中国土地空间结构总规划的温室气体考核模式，并给出了中国土地空间结构总规划低碳经济水平的基础指数和考核方法。徐影（2022）等在进行了区域土地利用中碳总量和空间分异特性评价研究的基础上，根据土地碳中和指标、碳释放对生态的贡献程度、碳吸收生态承载系数等开展了福建省的土地空间分区规划研究，并提出了国土空间低碳差异化的对策。

六、对水污染物排放权交易的研究

在当前中国全面加强生态文明建设的大背景下，环境污染治理工作既要达到防治环境污染、净化自然资源的目标，也要兼顾经济社会发展与环境保护的相互协调。而水污染物排污权交易是当今世界各国实现节能减排目标的方式之一。水排污权交易的本质是在水资源容量严重受限的情况下，利用市场经济调控手段来实现水资源容量配置的最高效率，在实现防治水资源环境污染成本最低目标的同时，推动企业加强创新，淘汰落后生产能力，从而实现企业结构优化。

中国目前关于水污染物排污权交易的法律规范较少。2014年修订通过的新版《中华人民共和国环境保护法》对水污染物排污权交易并未做出具体要求，仅仅阐述了我国今后在限制空气污染方面要采取关键物质总量控制政策和排污许可政策。自2018年1月1日起生效的最新《中华人民共和国水污染防治法》（以下简称《水污染防治法》）也并未具体阐述水污染物排污权交易，而仅在污染防控领域明确提出环境污染治理必须采取的数量限制政策和排污许可制。

水体污染无疑会对一定流域面积内的人口及其生活环境产生重大影响，尤其是河流水体污染，它不仅会对附近村民的生产、生活产生直接影响，同时也会对当地的自然环境造成严重破坏。以黄河流域为例，其上下游地区由于水体污染问题常常发生利益冲突。水体污染物的种类繁多，不同类型的污染物在各自的区域内造成了各种危害，而复合污染物则可能产生更加复杂的负面影响。与空气污染相比，水体污染更具有异质性和累积性。这使得在排污权交易中必须考虑到黄河流域或者特定行政区域内主体污染源的差异，也使得在法律层面上不能整体适用。不同流域地区之间无法开展排污权交易，同一流域内不同地区的不同节段或不同时间的排污权交易都要受到多重制约，且在水环境污染尤其突出或环境容量日趋饱和的所谓热点地区，都要制约或停止排污权交易。水环境污染通常跨流域或地区，加之其具有复合性、异质性、累积性和持续性，使排污权交易受多方面掣肘而不能建立跨地域或者全国区域的交易市场。

黄霞（2012）和裴宏齐（2007）都认为，城市排污权交易的市场主体是自然人、法人、政府部门、环境保护机构等。首先，相关主体一般为权利的享有者和责任的履行者，由于权利是为了保护权益而设立的，因此利益是权利的根本，环保权本质上也是人们对生态权益的合理要求。在城市规划中，生态权益与经济利益共同承载在水资源上，所有自然人、法人、政府部门以及社会团体等均对其有所使用，从而成为城市水污染环保权的享有者与责任的履行者。其次，城市水体污染物排放实质上也是一种民事行为，水污染物排污权交易的买卖双方均为公平的民事主体，这也为其成为城市水污染物排污权交易的市场主体提供了支持。

七、排污权交易市场的博弈论研究

目前，国内外不少学者对排污权交易中企业的决策行为问题进行了研究，尤其是将不同的博弈模型用于排污权交易市场的企业交易决策中。如范定祥（2010）等从拍卖的角度构建了排污权交易市场中买卖双方不完全信息下的博弈模型，探讨了暗标拍卖、政府指导下的拍卖和交易所拍卖3种拍卖方式下的报价模型及市场效率。肖江文（2002）等基于Stackelberg动态博弈构建了排污权交易中企业申报排污量的博弈模型。夏德建（2010）等从动态博弈的角度构建了企业与政府在排污权定价中的演化博弈模型，求得了切合实际的演化稳定策略。陈磊（2005）等运用微观博弈模型分析了排污权交易中企业行为决策的影响。刘娜（2011）等将双向拍卖运用到碳排放权交易中，构建了双向拍卖中买卖双方的最优叫价博弈模型。从这些学者的研究中可以看出，博弈论作为一种解决利益分配冲突问题的有效方法，已广泛应用到排污权交易市场相关问题的解决中，且在处理市场中的各种利益冲突方面取得了良好的效果。

价值的重复博弈历来是中国排污权交易中买卖双方最密切关注的议题，但在当前较为活跃的水污染物排污权二级市场上，水污染物排污权的出让往往需要交易双方一一对应的讨价还价，因此谈判的焦点便是排污权的转让价值问题；而身为理性的投资人，买卖双方也必然希望以企业利润的最大化为宗旨，尽可能争取以最优于自身的价格来获得最大的收益。双方如何在自身估价的基础上进行报价，以及如何确定最终的成交价格才能使双方都获得最大的收益，是交易企业在价格谈判时需要考虑的问题。

第二节 国外研究现状

一、排污权交易制度的可行性研究

排污权交易制度的实质是一种通过产权设计解决环境问题的工具。实践表明，完善的排污权交易制度对环境保护能够起到良好的作用。国外学者对排污权交易制度的可行性进行了大量研究。Coase认为，解决环境污染问题最有效的办法是提供一种机制，明确环境产权并在市场上进行交易，通过交易费用与产权安排之间的关系来解决。该观点已经有了环境产权理论的萌芽思想。Crocker进一步对环境污染与产权的关系进行研究，将产权理论与大气污染治理结合在一起，认为可以通过明确产权的方式有效控制大气污染，并从产权的角度对治理大气污染提出了初步建议。多伦多大学的Dales教授在研究破解水污染问题的产权手段时提出了"排污权交易"的概念。他认为，将不可交易的产权体系更改为可交易的产权体系更有助于污染问题的解决。Montgomery基于成本效益的视角分析了排污权与传统治污手段的区别，并证明了排污权交易系统的效率高于传统的治理污染手段。他认为，厂商进行污染治理应是一种理性选择行为，厂商会按照污染直接治理成本和购买排污权成本之和最小的准则进行治污策略选择。Hahn研究了排污权的初始分配问题，他认为，基于当时并不完善的市场机制，排污权的初始分配比例至关重要，只有采取合理的排污权初始分配方式，才能使交易制度发挥作用。Tietenberg对排污许可交易制度进行了系统而全面的论述，并在《环境与自然资源经济学》中阐述了环境污染以及治理的外部性效应。Gunasekera和Cornwell从另一个角度对排污权交易的内容进行界定，他们认为建立排污权交易制度应从五个角度出发，包括交易的产品、交易的参与者、交易的运作模式等。Hahn揭示了排污权交易制度的实施效果和排污权初始分配的关系。美国第二代交易市场与第一代交易市场的分界点是1990年以来为缓解酸雨问题在电力行业开展的试点指标交易，自此，更大规模交易量的交易不断出现。Stavins认为，交易成本会对排污权交易系统产生重要影响。交易成本，即买方支付价格与卖方收取价格之间的差额，主要是买卖双方为了寻求交易对象、交易信息等所发生的成本。为了提升排污权交易系统的有效性，应采取相关措施降低交易成本。Cornwell等认为，排污权交易制度设计是一个系统性的综合问题，合理的排污权交易制度应着重考虑污染物类型、总量控制、初始分配、排放量监督、市场监测等方面。Cason通过实验验证了Stavins的观点，并针对相对无成本的交易、边际交易成本减少和边际交易成本不变三种情况进行了讨论。Betz研究了二氧化硫减排的边际成本问题，得出了拍卖机制设计是影响厂商参与排污权交易的首要因素的结论。

二、排污权交易体系效率水平研究

20世纪70年代，排污权交易体系在美国开始付诸实践，学者们关于排污权交易问题的研究也越来越多，尤其是排污权交易体系的效率问题，更是其中研究的重点内容。Weitzman认为，只有交易成本不确定时，庇古税形式的治污手段才比较可行；其他情况下，市场条件下的排污权交易制度是解决污染问题的最佳选择。Hahn认为，排污权拍卖能够稳定排污权的市场交易价格，进而提升厂商治理污染成本估算的准确性，为厂商是否进入排污权交易市场提供合理的判断依据。Baumol和Oates认为，美国环保署推进的排污权交易计划存在一定的缺陷，即高额的信息成本会降低排污权交易系统的效率。Hahn和Hester曾对美国排污权交易数据进行了实证分析，研究结果显示，以排污权交易方式解决环境污染问题并没有带来明显的成本节约。Atkinson和Tietenberg则证明了该种状态是由政府的行政干预和管制造成的，应简化政府繁杂的管控程序，以促进排污权交易体系效率的提升。Stranlund同样从排污权交易制度的管理者角度出发，研究了交易制度的实施与监督对效率产生的影响。他认为，企业超额排污并不仅仅是企业治污技术不成熟的结果，要解决污染问题，管理者必须在分配排污额度时综合考虑企业的外部特征。Svendsen和Vesterdal的研究结果表明，排污权交易体系覆盖的经济主体越多，交易体系的作用越显著。因为众多经济主体治理污染的边际成本的差异是排污权交易产生收益的重要动因，也是排污权交易主体寻求降低治污成本的现实基础。Cason和Gangadharan等从不同的市场角度出发，研究了排污权交易的效率。他们认为，单寡头市场虽然能够获得较高的卖方收益和成交价格，但会造成交易的低效率。Innes认为，排污权涉及时间控制问题，良好的排污权制度设计应该是可以累积、存储的。这一设计可以更好地激发市场主体参与排污权交易的积极性。

在研究层次方面，国外学者既涉及宏观层面，又涉及微观层面。国外学者对排污权交易问题的研究既有关于制度设计、总量控制、初始分配、运行监管等宏观问题的探讨，也有厂商视角下有关交易成本、交易意愿、交易策略选择等微观问题的探讨。

三、政府不同环境政策对企业、环境及社会福利的影响研究

污染的外部性导致企业过度排放而产生市场失灵现象，因此政府的环境政策主要针对企业进行规制。由于不同的环境政策工具及不同的外部情况对政府的环境政策选择具有不同的影响，因此，国内外有关政府环境政策的文献研究主要针对政府的环境政策带来的各种影响。首先是对企业减排行为的影响，因为这关系到本地生态环境的改善及环境效益；其次是政府的最优环境政策对本地区社会福利的影响；最后是环境政策对企业的生产经营决策、清洁技术激励等行为产生的影响等。

（一）排放标准政策及其影响相关研究

排放标准或总量控制政策是重要的命令控制型环境政策，在企业缺乏自主减排动力以及特定的情境下，政府会根据企业的具体生产工艺和减排技术情况，同时结合环境自身的净化能力和环境容量，规定企业在一定时期内可以排放到环境中的污染物数量。一旦企业的污染物排放量超出这个标准，将会面临很严重的处罚（Helfand，2002）。国内外文献对命令控制型环境政策的研究主要包括：从企业角度分析在政府实施强制排放政策时如何做出最优决策的问题（Hartl，1992；Lawrence 等，2008；颜建军等，2016；周维良和杨仕辉，2018）；政府在实施排放标准下的最优决策和最优排放标准的设定问题（Kort，1996；Arguedas，2008；Arguedas 等，2017）；排放标准政策对环境质量的评估与实证问题（Zhao 等，2015；熊波和杨碧云，2019）以及市场型环境政策下的对比问题等（Karp 和 zhang，2012；Martín-Herrán 和 Rubio，2018）。例如，Arguedas（2008）分析了在排放标准政策下，若企业的排放量超过设定的标准，政府如何实施最优的罚款策略。Arguedas 等（2017）建立了污染企业和制定污染物排放标准的环境监管者之间的 Stackelberg 微分博弈模型，结论发现企业在做排放决策时会考虑超额罚款，并平衡当前的投资成本和资金存量，随着资金存量的增加，最优污染限制会减少，而排放量和超过标准的排放水平都会下降。

（二）排污税政策及其影响相关研究

大多数研究者（Bansal 和 Gangopadhyay，2003；Gil - Moltó 和 Varvarigos，2013；Krass 等，2013；Garcia 等，2018；McDonald 和 Poyago-Theotoky，2017）都以博弈论为基础，研究环境税收政策对企业市场竞争或供应链减排的影响，并在此基础上研究企业或者供应链的相关决策问题。如 Saltari 和 Travaglini（2011）、Krass 等（2013）、张倩和曲世友（2013）、McDonald 和 Poyago-Theotoky（2017）以及 Feichtinger 等（2015）研究了环境税收政策对企业绿色技术研发及激励的影响。在排污税对环境和社会福利的影响方面，Hoel 和 Karp（2002）研究了微分博弈中的折现率和环境分解率以及环境伤害的时间一致性对政府碳税及配额政策的影响。Martín-Herrán 和 Rubio（2018）研究了垄断企业和实施排污税的政府之间的微分博弈模型，企业以投资减排技术和利润最大化为目标，政府制定最优税率以实现社会福利最大化。其研究发现若边际环境伤害恒定，社会和私人影子价格之间的差异是正的；若边际环境伤害增加，无论环境伤害的程度如何，政府最优环境政策都会在接近稳态时给予企业补偿。

（三）排污权交易政策及其影响相关研究

排污权交易政策涉及排放者在环境保护监督管理部门分配的额度内，依法享有向环境排放污染物的权利，并且根据自身的排放情况具有排放量的转让或出售权，以此形成排污权交易市场。与排污权交易政策类似，国内外还存在碳交易（Carbon Trading）等政策。国内外有较多运用博弈论等方法对碳交易和排污权交易进行研究的文献（Lee 和 Park，2005；Chaabane 等，2012；Xu 等，2017；Garcia 等，2018；Wen 等，2018；魏守道，2018；刘名武等，2018），主要涉及企业减排技术选择、市场竞争与定价、供应链渠道选择与协调等领域。在政府最优排污权交易政策的制定及影响方面，Altamirano 和 Finus（2006）建立了两阶段动态博弈模型：在第一阶段，考察所有地区是否都加入了该体系；在第二阶段，各地区分别确定各自的减排规划。该模型的特点在于交易系统内存在"部分纳什均衡"，模型均衡状态表明，当大部分参与者达到均衡时，仍有少部分参与者保持着个体最优状态。Beladi 等（2013）

构建了一个动态的李嘉图生产和污染一般均衡模型来研究环境政策，政府为经济设定了最佳排放水平，并以具有竞争力的价格出售排放许可证，其收入用于减少污染存量（Pollution Stock）。结论表明，减排活动的均衡水平与劳动力效益成正比。Li 和 Pan（2014）在 Beladi 等（2013）模型的基础上，考虑了减排的动态学习模型，即减排成本取决于减排速度和使用技术的经验，并应用最优控制理论求得稳态均衡解，得出了稳态下排放许可和污染治理最优水平的结论。Li（2016）运用最优控制方法研究了排放许可与减排投资之间的关系，研究结果表明，该系统具有鞍点稳态平衡，减排劳动力分配系数依赖间接效用函数的单调性。此外，作者还进行了敏感性分析，研究了货币参数变化对最优排放水平等的影响，并给出了一般解及若干数值分析例子。

（四）减排补贴混合政策及其影响的相关研究

减排补贴是政府激励企业加大减排量的一种重要手段。国内外学者通过减排补贴与其他政策相结合的方法研究了激励的效果（Carraro 和 Topa，1995；Katsoulacos 和 Xepapadeas，1996；Zaccour，1995；宋之杰和孙其龙，2012）。Carraro 和 Topa（1995）研究了补贴对企业创新的影响，在一个寡头垄断行业，政府对污染进行征税，因此企业的反应是减少产量，并投资研发更清洁的技术，只有税收方案设计得当，企业才会进行投资。但作者发现一个有趣的问题，那就是创新的时机，与社会上最理想的采用日期相比，企业有推迟创新的动机，因此政府的建议是补贴企业的研发成本，以免延误创新。政府的最佳政策是一对工具（大棒和胡萝卜），即同时征税和补贴，而不是采用单一的工具。Katsoulacos 和 Xepapadeas（1996）研究了双寡头垄断企业中的最优环境政策规制，发现同时存在环境创新的研发溢出（正外部性）。作者设计了一个包含排放税和环境研发补贴的方案，税收为补贴提供资金，由于存在研发溢出效应，补贴将纠正投资于研发的企业所面临的可分配性问题；与此同时，税收又纠正了污染的外部性问题。Krawczyk 和 Zaccour（1995）研究了单个地方政府的征税及补贴，在地方政府（Stackelberg领导者）实施恒定补贴和税率的背景下分析了上述政策的环境影响和相关预算问题。Krawczyk 和 Zaccour（1999）允许变动税率

和补贴率，并为政府引入第三种工具，即污染治理。该模型不考虑
Stackelberg 均衡策略的闭式特征，其设计了一个地方政府决策支持系
统，这一制度有助于评估政治上"可接受"的补贴和清洁工作政策对
代理人报酬的影响。以上关于政府各种环境政策的研究主要针对的是
不同政策对企业减排决策、清洁技术研发激励的影响，以及企业在政
府环境政策下的运营决策等问题，缺少直接以政府为核心探讨不同政
策对环境及社会福利影响的相关研究。此外，上述文献在研究方法上
主要以静态分析为主，但在现实中，污染会随时间累积形成污染容量，
从而对环境造成持续伤害，而污染容量又与企业的减排能力以及环境
的自净能力等相关。因此，政府在做决策时必须考虑到污染的动态性，
这是以上文献比较欠缺的地方。

（五）政府环境政策比较的相关研究

相比上述单项环境政策对企业决策和政府决策的影响分析，对各种
政策的比较研究成为新的热点（Requate，1993；Storrøsten，2014；Ye
和 Zhao，2016；Garcia 等，2018；Cheng 等，2019）。比较的领域主要包
括对企业清洁技术研发的激励（Wirl，2014；颜建军等，2016），对经
济、环境及社会福利的影响（Xepapadeas，1997；Yanase，2007；许士
春，2012；Martín-Herrán 和 Rubio，2018）以及其他外部条件对政府环
境政策的影响（Hoel 和 Karp，2002）。例如，Feenstra 等（2002）认为，
在国际市场不完全竞争和跨界污染的情况下，税收比排放标准更能激励
企业投资减排技术可能不一定完全成立。在这种情况下，税收反而可能
比排放标准产生更多的扭曲，由不完全竞争产生的扭曲可能导致因税收
减免而进行的投资偏离政府认为最好的投资标准。Wirl（2014）研究了
缺乏承诺条件下政府不同环境政策工具（税收或排污许可交易）对垄断
者提供清洁能源的影响，结果发现，如参与者采用马尔可夫反馈策略，
价格策略与数量策略是等价的，但两种环境政策在开环策略下并不是等
价的。在不同政策对环境等的影响研究方面，Yanase（2007，2009）分
析了两个地区存在贸易时政府运用碳限额政策与碳税政策对本国和外国
企业以及社会福利的影响。作者在一般均衡条件下建立了政府与企业之
间的微分博弈模型，发现由于存在国际竞争的租金转移现象，限额政

策在经济与环境效益方面都是最优的。Moner-Colonques 和 Rubio（2015）对两个污染企业利用环境创新策略影响环境政策（税收和排放标准）进行了研究，并比较了监管机构承诺事先达到政策工具的水平与不承诺两种制度下对社会福利等的影响。研究结果表明，在不承诺且使用税收控制排放的情况下，如果投资清洁技术的效率相对较低，且投资成本比环境伤害对福利的二阶导数更大（投资成本的凸性比环境伤害的凸性更重要），企业的策略行为可以改善福利水平；如果情况并非如此，那么无论用于控制排放的政策工具是税收还是排放标准，双寡头的策略行为都会对福利产生不利影响。Karp 和 Zhang（2016）比较了当环境监管机构和公司有关减排成本的信息不对称时的碳税政策和碳限额政策，对于一般的线性伤害函数形式，当监管者使用配额时，企业的投资政策是信息约束有效的；对于一个特殊的函数形式（线性二次损失函数），这两种策略都是约束有效的，但税收政策下总污染容量更低。Menezes 和 Pereira（2017）构建了一个具有线性损失和技术溢出特征的模型，分析了最优环境策略（碳税与研发补贴的结合），并通过 Stackelberg 微分博弈模型分析了政府最优碳税和补贴以及最佳减排水平如何随着竞争的加剧而变化。Masoudi 和 Zaccour（2014）比较了以价格为基础（税收）和以数量为基础（配额）的环境政策，其显著不同是作者引入了市场的不确定性及监管者具有贝叶斯学习曲线的特征。结果表明，预期水平下采取排污税政策和配额政策的排放水平是相同的，但从社会福利角度来看，税收政策优于配额政策，这是由于不确定性产生了一定的影响。Martín-Herrán 和 Rubio（2018）研究了针对垄断企业的最优环境政策及其对污染容量和社会福利的影响，结果发现，最优策略（First-best）是庇古税与生产补贴等于价格与边际收益的差额；而在次优条件（Second-best）下，税收与排放标准政策的效果相同。Garcia 等（2018）比较了政府在可置信承诺与非可置信承诺政策下排污税与排污权交易政策的不同，通过建立古诺模型发现，政府承诺实施某种环境政策时，两种政策效果完全相同，而非可置信承诺税收政策下具有程度较低的环境伤害。

四、污染越界下政府环境政策的相关研究

污染物本身的动态性特征导致其经常流动到不同国家或地区，出现跨界污染问题。此时，政府针对本地企业的环境政策就会出现新的变化。目前，关于污染越界下政府环境政策选择及影响的研究文献还比较少，主要研究的是两国合作制定政策以及关税问题（Lai 和 Hu，2008；Garcia 等，2018；杨仕辉和翁蔚哲，2013；Dai 和 Zhang，2016）。在不同的环境政策选择方面，Yanase（2007，2009）考虑了两个国家的企业在有第三方竞争下的市场结构，分析了两国政府采用排污税与排放标准政策对整个区域污染容量的影响。作者假设政府以消费者效用减去环境伤害最大化为目标，建立微分博弈模型，得到了排放标准政策在环境与社会效益方面都是最优的结论，原因在于竞争下的市场存在租金转移效应，导致政策弱化。Ambec 和 Coria（2017）研究了政府政策与本地污染以及跨界污染之间的相互作用，发现监管工具与监管时机的选择关系到监管效率，如果监管者预测跨界污染将通过排放上限进行监管，那么本地的污染物排放将会出现扭曲；如果跨界污染物受排放税或可交易排放许可证管制，只要排放税收入一次性重新分配给各国，或者可交易排放许可的初始分配与减排成本无关，环境规制就非常有效。杨仕辉和翁蔚哲（2013）在两国之间比较了碳税、碳关税政策以及碳减排合作的社会福利影响，分析发现碳减排合作是最优选择，碳关税政策次之，而碳税政策最差。

以上文献考虑了不同国家或地区之间的政府环境政策，主要分析的是两个国家或地区的合作政策、竞争以及关税问题等，极少考虑跨界污染下两国或两地区政府的环境政策选择。现实中，污染的越界性会导致本地区环境同时受到两个地区或多个地区的影响，因此，政府在对本地区企业进行环境政策规制时，需要考虑邻近地区的企业和政府政策对本地区的影响。

五、跨界污染生态补偿策略相关研究

在生态补偿领域，与跨界污染相关的研究文献主要集中在流域上下

游的补偿方面，即河流上游地区经济较差，下游地区经济较强，上游地区的排放给下游地区造成环境伤害，因此，下游地区考虑给上游地区补偿来实现减排（Li 和 Guo，2019；Jiang，2019）。如 Li 和 Guo（2019）建立了排放许可证交易和投资跨流域污染治理的动态决策模型，作者假设减排量根据标准资本积累动力学方程动态变化，排放许可证的购买或出售价格由许可证市场的均衡条件决定。通过 HJB 方程得到了污染物排放的最佳水平、污染治理投资的最佳水平、污染存量以及各流域的最佳净收益等数据，发现下游地区可以帮助上游地区增加污染治理投资，以减少污染物排放；相比之下，下游联盟可以帮助中游地区增加污染减排投资，以减少污染物排放。Jiang 等（2019）在流域上下游引入了生态补偿机制，通过微分博弈解得反馈纳什均衡下的最优补偿系数与排放量，并以中国的湘江上下游流域为例进行数值分析。结论表明，流域环境退化成本因子和收益因子对上下游排放能力有显著影响，受上游污染物累积和污染转移系数的影响，下游污染物累积容量最优轨迹高于上游。为此，制定生态补偿标准可以有效地刺激上游政府更多地投资于环保技术，从而改善两个流域地区的总体福利水平。国内外文献对生态补偿的研究较少，大多数研究针对的是河流或流域上下游政府之间的生态补偿策略，即单向的生态补偿，针对空气污染和湖泊污染等容易出现交叉影响的情况目前研究较少，而在现实中，针对交叉污染，同样可以运用生态补偿策略。例如，相邻两个发展不平衡的地区同时受到两地区污染物总排放量的影响，此时发达地区可以通过给欠发达地区生态补偿来实现总污染水平的降低。

六、治污技术授权策略相关研究

当前，在污染跨界背景下，有关地区之间技术转移的文献很少，大多数文献研究技术授权或转移的方法（Kamien 和 Oren，1992；Heywood 等，2014）、市场竞争和价格竞争等（Xia 等，2017；Hattori，2017；Fan 等，2018；叶光亮和何丽丽，2018）。在治污方面，Takarada（2005）构建了一个污染控制模型，并阐明被许可国的福利取决于贸易模式，许可国的福利既取决于跨界污染的比例，也取决于贸易模式。

Chang等（2009）分析了同质双寡头博弈模型下的情况，其中一家公司拥有创新的环境技术，并考虑通过支付特许权使用费或固定费用将该技术授权给另一家公司。他们发现，无论排放税率有多高，创新者往往更喜欢通过支付专利使用费的方式获得技术许可。Hong（2014）设计了一个信号机制来解释为什么发达国家不愿意向发展中国家转让绿色技术，其原因可以概括为"信号效应"。也就是说，如果发达国家对污染损害的评估使用的是私人信息，它可能不想转让该技术。Kim和Lee（2016）比较了双寡头博弈模型中通过固定收费或排放税下的拍卖机制来获得生态技术的许可方式，研究发现，当企业之间的成本差距很小或很大时，固定费用许可更好。

七、跨界污染合作治理相关研究

（一）地区合作与国际合作治理跨界污染领域

Dockner和Van Long（1992）建立了跨界污染控制微分博弈模型，并比较了均衡解中线性马尔可夫反馈均衡与非线性马尔可夫反馈均衡对政府决策的影响。Fanokoa等（2011）考虑了两地区非对称的污染控制博弈问题，其中一个地区做决策时不考虑环境污染带来的伤害，而另一个地区则要考虑环境污染带来的伤害。作者运用HJB方程求得了反馈纳什均衡，一个有趣的结论是，易受环境伤害的地区可以通过给非易受环境伤害地区一定的收益来求得合作，从而让其减少排放；最后作者给出了双方合作时的收益分配机制。Huang等（2015）与Yeung有类似的建模，考虑了污染的局部伤害与长久伤害，作者进一步提出了收益分配机制。Li（2014）和Chang等（2018）在Dockner和Van Long模型的基础上考虑在相邻两地区实施排污权交易政策，作者比较了非合作与合作时两地区污染容量与各自的收益情况，发现不管是在环境还是经济方面，合作都优于非合作。而Chang等进一步在上述模型的基础上考虑了外部随机扰动的影响，通过数值仿真给出了外部随机扰动对反馈纳什均衡结果的影响。Benchekroun（2016）指出，在污染控制方面的国际合作稳定不仅需要研发与创新清洁技术的激励，而且要确保各自清洁技术的发展不会引发地区政府的"搭便车"行为，从而导致污染物排放的加剧。作者建议，控制污染要签订全球范围内的排放控制协议及进行清洁技术合作研发。Chang等（2018）同样运用微分博弈模型分析了跨界污染排放许可证交易与减排策略之间的关系，不同的是，作者考虑了减排投资的学习效应，即随着时间的变化，减排科技会更加成熟，从而使得减排量增加。结论表明，考虑到学习效应，两区域将提高减排水平，减少污染存量，而合作在促进经济发展和控制污染方面发挥着重要作用。

（二）污染治理合作收益分配相关研究

在污染治理方面的合作博弈与动态分配研究大多集中于理论证明（Jørgensen 和 Zaccour，2001，2003；Petrosyan 和 Zaccour，2003；Yeung，2007）。如 Petrosyan 和 Zaccour（2003）研究了一国在减少污染的合作博弈中总成本随时间分配的问题，并应用 Shapley 值确定了参与者之间总合作成本的公平分配。作者设计了一种机制，用于随时间分配总成本，以使初始协议在整个博弈期间都保持有效。Yeung（2007）建立了跨界工业污染合作博弈模型，该博弈模型的一个显著特征是，在各国政府合作以减少污染的同时，各国工业部门之间仍保持竞争优势。作者首次在行业和政府作为独立实体的污染控制合作差分博弈模型中，得出了时间一致的解决方案。

（三）环境污染控制与治理其他问题相关研究

近年来，随着世界对环境污染问题的愈发关注，国内外对污染控制等问题的研究更加深入和多元化，包括对污染控制方法的研究（Jørgensen等，2010；Latorre等，2017；Yeung和Petrosyan，2019），对污染问题产生原因的多元探析以及对影响污染控制的新问题，如碳捕获、环境吸收率以及跨界污染的空间效应等的研究（Bertinelli等，2014；El Ouardighi等，2020；Frutos和Martín-Herrán，2019）。如List和Mason（2001）建立了不对称参与者之间在次优环境下的动态模型，分析了跨界污染物规制应该统一实施还是分散实施的问题。Kossioris等（2008）分析了污染控制中状态方程的非线性问题，提出了求解这类问题的数值非线性反馈纳什均衡的方法。Yeung和Petrosyan（2019）扩展了现有的合作动态博弈范式，通过允许控制的存在，提出了一种新的带有控制滞后的动态优化定理，导出了 Pareto 最优协同控制，给出了子博弈一致的解决方案。Bertinelli 等（2014）构建了一个两国之间通过碳捕获和存储机制减少碳排放量的动态最优控制模型，并对比了开环与反馈马尔可夫均衡。Frutos 和 Martín-Herrán（2019）在跨界污染微分博弈模型中引入了空间维度来捕捉不同区域间的地理关系，作者用抛物型偏微分方程描述了污染物排放的时空动态，并利用集合变量分析了离散空间模型的反馈纳什均衡。

第三章　排污权交易监管现状与特征分析

第一节　排污权交易监管现状与特征

排污权交易主要针对的是大气污染物和水污染物。随着工业化和城市化进程的不断推进，大气污染和水污染问题影响着人们生活的方方面面。汽车尾气、工业废气以及工业废水等污染物的不合理排放，都在不同程度地影响着地球上的各种生物。汽车尾气含有硫氧化合物、二氧化碳、一氧化碳、固体悬浮颗粒等复杂成分，会产生一系列化学反应，污染空气质量。部分企业排放不达标的废气和废水，对周围环境造成了破坏，甚至给人们带来了安全隐患。由于污染物排放具有地域性和流动性等特点，这加大了对污染控制的难度。近年来，部分发达国家制定的排污权交易制度实施效果较好，产生了不错的环境效益和经济效益。我国在借鉴国外排污权交易经验的基础上，适时引入了排污权交易制度，并进行不断的探索。

一、我国排污权交易监管现状

当前，我国排污权交易试点省份日渐增多，纳入的行业范围也从过去的单一化逐渐向多样化方向发展，涵盖了药品制造、印刷、金属冶炼以及非金属制造等行业。如天津、山西和湖北等地就包含了所有工业门类的排污企业，发展势头强劲。相比政府主导的一级市场，二级市场成交量少，相对不活跃。从排污权交易方式来看，主要以竞价和协商交易为主；从交易标的物来看，气体污染物主要以二氧化硫（SO_2）和氮氧化合物（NO_x）为主，在污水中主要以化学需氧量（COD）和氨氮为主。随着我国排污权交易的深入发展，结合不同省份排污行业的差异，交易标的物也逐渐将固体废物和工业粉尘等包含进来。相比以二氧化硫和氮氧化物为主要标的的气体污染物排污权交易，以氨氮等水质污染标的为主的排污权交易较少，且不易推广。综合来看，排污权交易已经初具规模，并且逐渐衍生出来的金融创新产品也为排污权交易市场注入了新鲜的血液。

当前，我国关于排污权交易的法律规范尚不完善，没有形成系统的体系，在相关监管方面的法律规范更是如此。在不同的部门法中，虽然没有专门针对排污权交易的监管内容做出规定，但字里行间也为监管制度的建立和实施提供了依据。例如，在《环境保护法》和《大气污染防治法》中，都提到政府和环保部门可以对排污权交易单位进行监督和处罚。早在 2005 年，《国务院关于落实科学发展观加强环境保护的决定》就曾提出，在有条件的情况下，部分地区、单位可以进行二氧化硫等气体的排污权交易。同时，相关排污权交易的文件对交易的污染气体进行了补充，从二氧化硫扩展到多种气体。2011 年，相关污染物减排、总量分配的文件中明确提出，要推动排污权和碳排放权交易试点，为二氧化硫、氮氧化物等大气污染物以及 COD 和氨氮水体污染物等预留排放总量指标。2013 年，国务院印发了《大气污染防治行动计划》，对多种大气污染物防治进行了宏观规划，如完善排污费征收政策和控制能源消耗总量等。2014 年，《国务院办公厅关于进一步推进排污权有偿使用和交易试点工作的指导意见》不仅对排污权交易及其有偿使用和交易制度提出了要求，也对政府在排污权交易活动中的监管能力和范围提出了要求。2015年，财政部等3部门印发的《排污权出让收入管理暂行办法》对政府监管进行了更加细致的规定，要求排污企业不得超额排放，政府不得违规收费，要加强排污权出让管理等。党的十九大报告也号召各级政府打好大气污染治理的攻坚战。2017年，第二次修正的《水污染防治法》对水污染物的总量控制制度、原则以及控制计划的编制和审批做出了规定。2015年修订和2018年修正的《大气污染防治法》分别提出推行重点大气污染物排污权交易和对大气污染物进行协同治理。2018年，在《环境空气质量标准》修改单通过后，我国大气污染治理的监督方式日趋多样化，大气污染防治趋向于以环境质量管理为核心、多种污染物协同控制、多种督查机制联合控制以及强制与自愿相结合的制度。

此外，我国在排污权交易监管法律制度方面存在许多问题，这不仅阻碍了监管的实施，也影响了排污权交易的顺利进行。首先，未专门明确排污权交易制度的法律地位；其次，缺少专门的排污权交易监管法律制度，关于政府监管的内容比较分散，没有形成统一的政策体系；最后，试点地区各具特色的监管政策、规章，在监管内容、监管主体、监管对象以及监管责任方面没有统一的规定，监管规定的差异性加大了监管实施的难度，难以在全国范围内适用。在监管实践方面，各试点省份都明确以环保、财政、监察部门等为监管主体，而在监管内容和方式上带有明显的地域色彩，存在细微或较大的差别。这有利于各地区因地制宜地促进本地区的排污权交易，但是不利于跨区域乃至全国范围的推广发展。随着排污权交易实践的推进，环境经济政策越来越受到重视，在各地区的积极探索下，相关政策文件的出台频率逐渐增强，交易模式也向着多元化方向发展。

从各地区排污权交易的政府监管现状来看，已经开始探索从不同角度、采取不同方式进行监管。例如，位于东南沿海地区的浙江省有着完善的排污权交易配套设施，交易市场活跃，发展良好。浙江省政府主要从政策制定、制度创新、监管范围、交易机构平台及交易模式等方面监管排污权交易市场，取得了不错的成果。从政策制定来看，其陆续出台100多个政策文件，内容涉及方方面面；从制度创新来看，其利用大数据创建了一个基于排污权交易价格、成交量和活跃情况的"排污权交易指数"框架；就监管范围而言，排污权交易覆盖了4项主要污染物和所有重点排污单位；在交易机构平台方面，设立了20多个排污权交易管理机构，范围涉及省内众多市县；从交易模式来看，其创新提出排污权抵押贷款、租赁模式，为缓解企业融资难提供了一条新渠道。

　　湖北省对排污权交易的监管主要从政策制定、政府监管模式、排污权交易模式创新以及竞价模式等方面入手。在政策制定方面，湖北省颁布了多项规章制度、试行办法、细则等，明确规定交易机构、交易主体的资质认定审核要求以及交易的方式和程序等，为排污权交易的顺利进行奠定了基础、提供了政策支持，使得排污权交易有序进行。从政府监管模式来看，逐渐朝着市场化的方向发展，形成了由省生态环境厅指导监督、第三方交易机构独立开展交易的模式。对于排污权交易模式创新，湖北省建立了产权市场，丰富了排污权交易的内容。在竞价模式方面，主要采取电子竞价模式。

　　重庆市通过建立环境统计、监测检查和考核方面的三大体系，加大排污权交易的监管力度。在环境统计体系方面，通过台账管理了解污染减排的实际情况；在监测检查体系方面，通过使用与环保部门联网的在线监测设备，对重点污染源进行动态监控并记录相关数据；在考核体系方面，实行奖优罚劣的模式，表彰总量减排任务做得好的单位或个人，对不能完成任务的单位负责人实行"一票否决"和"问责"制。

　　陕西省通过对排污权交易的不断探索，主要从积极出台各类政策文件、设立交易机构和平台、明确排污权交易基准价、规范交易资金的监管以及与总量控制政策对接5个方面实行排污权交易监管。在相关政策文件方面，随着《陕西省主要污染物排污权有偿使用和交易试点实施方案》《陕西省建设项目主要污染物排放总量指标管理暂行办法》《排污权出让收入管理办法》《陕西省主要污染物排污权有偿使用和交易管理办法（试行）》等文件的相继出台，排污权交易在摸索中不断发展。在交易机构和平台方面，创建了排污权储备管理中心，管理和审核排污权交易工作，对交易主体的资格进行核查，并对4项主要污染物排污权的储备、出让和交易等进行监督，确保排污权交易顺利进行。此外，在排污权交易试点初期，结合本省的经济产业等实际情形，因地制宜地规定了部分主要污染物排放权的价格。在交易资金方面，实行收支分开管理，将排污权竞拍所得收入纳入财政预算非税收入中，并创新开展排污权交易抵押贷款，缓解了排污单位的融资压力。在排污总量控制方面，实行系统化管理，采取统一与分级相结合的排污许可管理模式，并启动了"刷卡式"总量控制管理系统，将排污权交易制度、总量控制、污染物排放许可制度与"刷卡式"管理系统相结合，简化了交易环节，为监管措施的实施提供了便利。

综合来看，我国主要从政策制定、设立交易机构和平台、交易模式创新、完善监测系统等方面加强排污权交易政府监管。由此可以看出，各试点地区的监管手段存在细微差别，不再局限于单一的监管模式，逐渐多元化发展。各地区只有综合利用各种监管手段、各部门协作，才能取得监管的最优效果，从而推动排污权交易有序进行。

二、我国排污权交易监管特征

（一）我国排污权交易监管仍处于探索阶段

我国从1988年开始，在借鉴国外排污权交易制度的基础上，初步尝试排污权交易，并开展试点，这一环境经济政策由此在我国发展起来。我国最初实行排污权交易制度时，主要以大气污染物为交易标的，并选择了太原等16个城市作为试点城市。随着2001年江苏省南通市首例排污权交易落下帷幕，我国开启了排污权交易的历程。2003年，江苏太仓港环保发电有限公司和大唐南京下关发电厂以二氧化硫为标的的排污权交易顺利施行，这是我国第一例跨地区的排污权交易，表明我国排污权交易逐渐发展起来。自2007年浙江嘉兴成立全国第一个排污权交易中心起，我国排污权交易试点范围逐渐扩大，污染物所涵盖的种类也逐渐增多。当前，我国排污权交易试点已涵盖大部分省市，但是，排污权交易的相关制度并不完善，尤其是监管制度，在交易市场上暴露出很多问题，排污权交易并没有充分发挥其作用，各方面不完善的机制和出现的问题也深刻反映出我国排污权交易监管仍处于不断完善、探索的阶段。

（二）各地区排污权交易监管发展不平衡

在排污权交易施行过程中，出现了"叫好不叫座""推而不广"等现象，这也从侧面反映出我国排污权交易推行不易，遇到的阻碍较多，实施起来较为困难。一方面，各试点地区排污权交易发展程度不平衡，冷热不均，有的地区交易活跃，如重庆和胶州等，有的地区交易遇冷，如内蒙古等地区，甚至部分地区出现了断层，经常没有排污权交易成交量。另一方面，排污权交易市场分散，造成了各地区排污权分配和出让定价方法的差异性，没有形成统一的规范，从而使得企业交易成本不一，不利于跨区域和全面推广排污权交易。当前，我国缺乏系统、完善的法律制度对排污权交易进行约束，各试点地区根据国务院、生态环境部以及财政部等的相关文件并结合各地区的实际情况制定了一些与排污权交易相关的地方性法规，但立法层次较低，其约束力、强制力和权威性也较弱，难以形成统一的政策体系，阻碍了排污权交易的发展。由此造成对各地区排污权交易监管力度的不同，如江苏和重庆等地区监管力度较大，其他大部分地区的监管则较为松散。此外，各地区监管法规的差异，限制了交易范围，跨区域交易得不到保障且成本不一，给跨区域交易带来了风险，不利于跨区域交易以及全国推广。

（三）政府监管不规范

排污权交易机制由国家创建，对污染物排放的宏观调控、排污权的总量确定与分配、相关交易制度的制定和监管等都离不开国家的干预。从排污权交易信息层面来看，目前交易信息主要集中于生态环境部门，少数公布在各地区的交易中心和政府部门的网站上，而排污权交易的顺利进行离不开交易价格和企业排污量等交易信息的充分流动，这就需要政府建立完善的信息交流平台，并对其进行维护和管控，推动排污权交易良性发展。政府既是排污权交易的促成者，也是监管者。一方面，从排污许可证的发放到排污量的确认以及剩余排污权的交易等，都需要政府的参与，且排污权交易一级市场是由政府主导的，但是过度依赖政府也使得排污权交易市场要素流动慢，难以活跃起来；另一方面，政府需要对排污企业进行监督，并对违法排放的企业进行处罚，若政府过于追求经济的发展，对排污企业的处罚力度小，甚至睁一只眼闭一只眼，导致企业的违法成本低，则企业参与排污权交易的意愿就不强，交易成本的差异和不公平的竞争会更加削弱企业参与交易的积极性。

（四）融资工具尝试不足

在经济高质量发展的背景下，我国大力推行绿色金融政策，重点发展绿色债券、绿色基金和绿色信贷等。绿色金融政策是为了应对环境污染和全球变暖而发展起来的。其围绕环保项目的投融资展开，旨在淘汰高污染、低效率的工业流程，促进资源利用率的提高、产业结构升级以及生产方式的转变。而环境权益抵押贷款是绿色金融的重要分支，占据着重要地位。国内多家银行秉持绿色发展目标，以协助企业贷款融资为起点，尝试排污权抵押贷款，从而优化环境资源配置。在实行排污权抵押贷款的背景下，企业所拥有的排污权就成了一项环保资产，不仅缓解了企业的资金压力，解决了企业的燃眉之急，排污权也成为企业重点关注的对象，从而激发了企业参与排污权交易的积极性。除了排污权抵押贷款，排污权租赁也映入了人们的眼帘。排污权租赁，是指排污企业将自己有效期内的剩余排污权或者政府将储备的排污权临时租给需要排污权的企业。在租赁的过程中，排污权的归属并未改变。这一新途径不仅给排污企业带来了收益，也满足了所需企业的要求，实现了排污权的合理使用。但是，当前我国排污权租赁市场的成交量惨淡，并没有起到激活交易市场的作用。总体来说，我国排污权融资工具尝试不足、发展缓慢，存在不少阻碍。这主要是因为排污权交易机制不完善，市场规模和影响力有限，从而使信息流通性差，导致排污权挂牌交易或拍卖进程缓慢，银行不易获取所需信息，加大了抵押权实现的难度，在发放贷款时抱着更加谨慎的态度。

三、碳交易监管现状与特征分析

碳交易，即碳排放权交易，是以政府为主体，给排放企业设定碳配额并由后者进行交易的一种市场化机制。碳排放权交易主体根据碳排放权的成本价格进行交易，以达到减少二氧化碳排放的目的。

（一）碳排放权交易现状

随着全球气候逐渐恶化，环境逐渐受到各国的重视，我国也不例外。2011年，我国适时引入市场化碳排放权交易机制，并在7个省市开展试点。2016年，随着《关于切实做好全国碳排放权交易市场启动重点工作的通知》的发布，全国碳排放权交易市场进入启动阶段。2017年，国家发改委在碳排放权交易市场建设的相关文件中提出，碳排放权交易市场是全国性的，并将中国碳排放权交易市场建设分为基础建设期、模拟运行期和深化完善期三个阶段。2020年，随着双碳目标的提出，碳排放权交易进程进一步加快。2021年2月，《碳排放权交易管理办法（试行）》实施，其对交易的对象、主体以及方式等做出了规定。同年7月，全国统一碳排放权交易市场初步建立，这是我国环境治理史上的一项重大突破。

当前，我国碳排放权交易市场有了很大的变化。随着市场的不断发展，各地区相继出台了碳排放权交易市场管理规范，并不断进行完善。碳排放权交易所涉及的行业和企业也在不断增加，初期主要以电力行业为主，之后逐渐囊括了工业、制造业、建筑业等行业。碳排放权交易的覆盖面不断扩大，并壮大了碳排放权交易的队伍。从开始对碳排放权交易相关政策的不理解，到现在积极参与碳排放权交易，交易市场逐渐活跃起来。在交易模式上，当前主要采取协议转让、公开交易和拍卖等模式，并且由于交易信息透明等特点，逐渐从协议转让向公开交易发展。随着自愿减排市场的发展，企业可以通过国家核证自愿减排量（CCER）抵消部分碳配额，且其门槛较低，对企业的激励作用更大。但是，CCER过度抵消碳配额，会影响碳价格和减排效果，因此，各地区正在积极探索优化抵消机制。具体到地区层面，以辽宁省为例，从2011年碳排放权交易中心成立到2013年正式启动碳排放权交易中心交易平台，并完成第一笔电子碳交易，再到2020年颁布《辽宁省碳排放权交易市场沈阳市试点建设工作方案（征求意见稿）》，碳排放权交易市场逐步稳定运行。当前，辽宁省已制定了相关碳排放权交易办法，开展了温室气体排放核查和复核、碳市场建设培训以及碳交易机构整顿等工作，但是法律、法规、监管体系等不健全，缺少专业培训机构，推进碳交易市场发展仍需加强各方面的工作。

碳排放权交易作为一项新型交易，其监管体系的完善与否作用重大。在碳排放权交易监管过程中，监管主体综合运用法律、经济、财政等多种手段，对碳市场运行过程中的配额分配、交易、排放量监测、报告与核查等进行监督和管理，以保证碳排放权交易市场的畅通。当前，我国对碳排放权交易市场采取主管与分管的管理体制，但是在生态环境主管部门的统筹下，分管部门的职责划分并不清楚，协同监管部门的规定不统一。在总量控制制度方面，缺乏相应的管理制度、设备和专业人才，不利于总量控制制度功效的发挥。而总量控制制度不仅涉及排放限制和配额的分配方式，也包括交易和监管方式等。同时，由于碳排放权价格机制的不完善，波动较大，碳排放权交易市场具有与以往传统市场不同的特性。

（二）碳排放权交易特征

1.立法层次偏低

当前，关于碳排放权交易和市场运行的法律依据，大都停留在部门行政规章和地方规范性文件层面，立法层次较低，约束力有限。部分试点地区虽然也出台了一些地方性法规和政府规章，但由于存在明显的地域性，影响力有限。依据《中华人民共和国行政处罚法》，地方政府规章和规范性文件对处罚的方式设定大为受限。例如，地方政府规章仅可对警告和罚款进行设定，而规范性文件不得设定行政处罚。此外，当前的监管法律、制度规定的违法违规惩戒机制主要包括责令整改、取消部分政策优惠待遇、罚款、扣减配额、纳入失信名单等，整体而言，罚则较轻，对违法违规者的警示作用和惩戒力度都非常有限。责令限期改正是最常用的处罚方式，但其本质上并未设置负担，更多的是纠正性行为，且限期的"期限"没有明确规定。在当前的碳排放权交易体系中，生态环境部门为主管部门，省级生态环境部门负责本行政区域内的碳排放权配额分配、清缴、核查等工作，分工虽清晰，但制度位阶仅为部门规章，约束力有限，不利于碳排放权交易市场的发展。

2.较强的专业性

碳排放权交易过程涵盖了碳排放权配额总量目标的确定、配额的初始分配及管理以及碳排放权的检测、报告和核证等，这些都离不开专业机构和专业人员的测算。碳排放权交易市场的主管部门也是依据专业机构的检测和核算对区域内可排放总额进行设定的。排放主体（也就是排放企业）根据主管部门分发的配额并结合自己的排放情况编制报告，交由核查机构进行审查；再由核查机构出具报告提交给主管部门；主管部门统揽全局，结合各方情形进行未来计划的编制。在这一过程中，专业机构身兼多职，既承担检测的重担，也负责监督，容易利用专业优势掩盖其违法行为。因此，应设立针对专业机构的监管部门，使碳排放权交易市场健康发展。

3.侧重信用性考察

当前，碳排放权交易市场的发展趋势越来越明朗，碳配额对企业的影响不容忽视，甚至关系企业的生存命脉。碳排放权由于其无形性，加大了监管难度。在这一过程中，信誉的好坏对企业更为重要。由于目前碳排放权交易市场处于初始发展阶段，法治建设不完善而违法成本低，部分企业可能会作假以获得更多碳配额，因此，碳排放权交易市场更加注重主体的信用性。

4.带有金融色彩

以保护环境为目的的碳排放权交易市场亦带有鲜明的金融色彩。随着碳排放权交易市场的发展，碳质押、碳基金、碳信托、碳资管等金融产品逐渐发展起来，大大激活了市场的潜力。碳金融产品具有跨行业性，包括多种类型。但由于当前碳排放权交易市场正处于初始阶段，市场发展受限，碳金融市场也受到一定的阻碍，正处于不断完善阶段。

5.专门机构统一监管与相关部门协同监管

由2021年施行的《碳排放权交易管理办法（试行）》以及各试点地区的地方性立法可知，我国碳排放权交易市场实行主管单位和部门之间有机结合的管理制度，生态环境部门负责统一组织和协调。各试点地区的监管规则并不相同，但都围绕碳配额的分配、交易以及履约管理等方面开展相关工作。碳排放权交易市场活动范围广，涉及多领域，但同时也暴露出各种各样的问题，需要主管部门统筹全局进行规范，赋予各部门监管职责。生态环境部门的责任重大，不仅负责制订碳排放权交易的计划和制度等内容，也主管各项核算和检测管理工作，保证碳排放权交易市场有序运行。对温室气体排放进行准确检测和核算是开展一切工作的前提，也是主管部门分配碳配额的依据。碳排放权交易管理部门要制定监管规则，对负责核算、检测的专门机构进行监督。

6.交易及监管具有政策性

碳排放权交易市场与传统自发形成的市场不同，它是以保护环境为目的，由政府设立的。其交易进程离不开政府的作用，如碳配额的范围和总量的确定、分配、报告和核证等工作都由政府负责。无论是交易的主体还是标的、场所和设施，都由政府管制。交易主体（即参加碳排放权交易的企业）只能由主管部门确定，虽然投资者在符合条件的情形下也能参与交易，但交易对象必须在政府确定的名单内。不同于由金融市场主体所创立的一般金融交易标的，碳交易标的由政府直接创立，且一切交易活动都需在政府规定的场所或设施中进行。此外，从碳排放权价格的制定来看，合理的碳排放权价格会推动企业减排，从而实现碳排放权交易市场运作的目的。但是在碳排放权的合理化定价进程中，仅靠市场作用受限，更需要政府的"有形之手"设置价格底线，发挥碳排放权价格的最大作用。因此可以说，碳排放权交易市场是由政府高度管控的市场，具有高度的国家干预性。

四、用能权交易监管现状与特征分析

（一）用能权交易监管现状

当前，中国正处于经济高质量发展阶段，节约能源和保护环境的绿色发展方式成为人们的追求。2016年，我国在《国民经济和社会发展第十三个五年规划纲要》中提出要建立用能权和排污权等初始分配制度。同年，在《用能权有偿使用和交易制度试点方案》中，国家发改委确立了用能权有偿使用和交易试点，决定在浙江和河南等4个省份进行交易，并于2018年年末先后启动了试点用能权交易市场，逐步形成了"工作方案+管理办法+配套文件"的交易试点制度体系。2021年，《国民经济和社会发展第十四个五年规划和2035年远景目标纲要》提出要推进用能权市场交易。同年9月，《完善能源消费强度和总量双控制度方案》提出了推动用能权交易的具体实施方案。

用能权交易以政府设置用能总量为基础，将一些免费的初始用能指标分配给企业，并在市场上进行交易，以达到降低能源消耗总量的目的。在用能权交易市场建设的进程中，在降低能源消耗总量的基础上，优化能源结构，减少污染物的排放，改善环境，从而推动可持续发展目标的实现。相比传统的交易市场，用能权交易市场由政府设立，并受到其严格管控。交易市场包括一级市场和二级市场，一级市场由政府进行用能权指标的分配；在二级市场中，各交易主体开展相关交易、监督和管理活动。在用能权交易一级市场中，从指标总量的设定来看，浙江省初期以增量交易为主，其余三个试点地区以产能指标和政府预留指标构成指标总量。从分配方式及其具体方法来看，各试点地区均以无偿分配为主，在初始分配中，分别根据生产流程、消费特点以及产能性质等采用产量基准线法、历史总量法和历史强度法等多元分配方法，基本形成了一级市场。在用能权交易二级市场中，福建和四川两省对交易管控等活动进行了较为全面详细的规定，但是各试点地区的具体实施细则存在差异。用能权交易二级市场虽然初现雏形，但是交易价格容易波动，且交易量较小，流动性不足。

（二）用能权交易监管特征

用能权交易市场作为一种特殊的政策市场，是政府和市场相结合的产物。它由政府主动创建，并参与交易、监管的全过程。用能权交易的专业性和风险性也对政府的管控提出了更高的要求。同时，在用能权交易的进行中，也会出现市场失灵的现象，如信息不对称和价格操纵等。因此，对其所具有的特点进行分析，可以合理构建用能权交易监管法律制度，顺利推进试点地区及全国的交易监管工作。

1.政府与市场之间定位不清

用能权交易监管涉及多方主体，最重要的是政府和市场之间的关系。从源头上看，用能权产生于国家，并受国家的确认和保障。无论是其交易活动的进行，还是监管制度的完善，都离不开政府和市场的作用。依据《用能权有偿使用和交易制度试点方案》，用能权交易活动的进行要秉持市场主导和政府培育的原则。但在实际运行过程中，可能存在偏差。比如，河南和四川在相关用能权交易的暂行管理办法中，规定政府引导和市场运作，而福建则规定政府主导和市场运作。"引导"和

"主导"虽相差一字，但却传达出不同的关联之意。为此，厘清政府和市场之间的关系至关重要，否则容易阻碍交易活动的有序进行。

2.监管依据不足

处于初始阶段的用能权交易市场，一个突出的特点就是监管依据不足，缺乏一定的稳定性。无论是总量控制目标，还是其初始指标的分配，以及交易市场的监管等工作，都需在相关法律约束下进行。相较于碳排放权交易市场，其立法层次更低，大部分处于地方规范性文件的层面。这就使得交易的规则缺少强制力、约束力，示范性作用大为减弱，从而造成政府监管效率低下，市场不活跃，难以形成全面统一的用能权交易市场体系。例如，在四川、河南和浙江三个试点地区，用能权交易市场的监管法则来源于地方政府层面的规范性文件，缺少可操作性。用能权交易需发挥市场在资源配置中的决定性作用，而市场化机制的完善需由法治监管进行推动，若缺失强有力的监管依据，极易造成交易市场秩序的混乱。监管法律制度的完善对用能权交易市场的构建和运转举足轻重，监管法治化势在必行。用能权交易市场的建设和运转需要和依法治国的大背景相结合，以保证交易主体在平稳运行的市场中快速发展。

3.监管模式单一化

当前，各试点地区以主管部门和相关政府部门为主体，以用能企业、第三方审核机构以及交易机构等为客体，采用政府主导的模式进行监管。比如，《福建省用能权交易管理暂行办法》明确规定，由主管部门监管本辖区的用能权交易工作，政府相关部门依法进行协同监管。其他试点地区基本上都采取主管部门主导下的各相关政府部门的协同监管模式。但是政府主导的监管，在监管力量或者专业能力等方面存在一定的欠缺。第三方组织机构的兴起，在市场上发挥了重要作用。在用能权交易市场中，第三方组织机构发挥了部分监管作用，同时又受到政府的监督。其具有一定的资格和能力，弥补了政府监管方面的短板。具体而言，在福建、河南和四川三个试点省份，存在既能进行用能权交易又承担日常监管职责的机构。此外，政府还以购买服务的方式委托第三方审核机构进行交易数据的审核，该类机构也发挥了部分监管作用。但是，考虑到当前第三方组织机构发展不成熟，容易产生内部控制等问题，并不利于发挥对用能权交易的监管作用。因此，监管模式需多样化，要倡导多元主体的参与，除政府外，也应将社会机构等主体涵盖进来，形成广泛参与、全面监管的格局。

4.监管内容差异化

用能权交易监管旨在防范各种风险，如市场风险、操作风险以及信用风险等。由此，各试点地区制定了相应的监管实施细则，对交易市场进行规范。其监管内容都涉及市场准入、运作和交易等风险的管控，能源的核算和报告以及审核等方面的监管等。但是，从各试点地区的具体监管规则来看，又存在着差异。比如，在第三方审核机构和审核员的准入条件方面，福建和四川两省对审核机构的内部质量管理制度及审核员的资质、经验要求等做出了详细的规定，而河南省的规定则较为抽象。相对来说，福建省的监管内容较为全面，在《福建省用能权交易管理暂行办法》中构建了监管的基本框架，《福建省用能权交易能源消费量报告管理办法》《福建省用能权交易能源消费量审核指南》《福建省用能权交易能源消费量审核机构管理办法》等文件针对交易、审核的规则和流程等进行了指导。虽然差异化的监管内容可以适应各试点地区不同的发展实际，但是其影响了不同试点地区用能单位的权利和义务，进而使其获得不同的竞争地位，也不利于各试点地区能源消费量的横向比较，进而加大了全国用能权交易市场构建和运作的难度。

5.责任性

用能权是一种权利，用能单位享有能源消费指标的支配、收益和处分等权利；用能权是一种资格，用能单位有使用由国家分配的能源消费指标的资格。从某种意义上说，用能权涵盖了利益和责任的双重含义。国家将能源消费指标的使用权赋予用能单位，此时国家对用能单位产生了某种程度的"约束力"，用能单位在行使用能权时也具有一定的责任。若用能单位超规定使用用能指标，可能会受到惩处；同时，相关监管部门有责任对监管对象进行监管，规范交易市场的顺利运行。

五、小结

本节主要介绍了排污权交易、碳排放权交易和用能权交易的监管现状和特征，这对推进全国统一排污权交易监管有着重大意义。

第一部分简单介绍了排污权交易所涉及的行业、交易的内容以及相关政策的出台历程等，并就浙江、湖北、重庆和陕西地区的监管现状进行了分析，指出当前我国排污权交易仍处于探索阶段，具有地区发展不平衡、政府干预不规范和融资工具尝试不足等特点。

第二部分对碳排放权交易的政策出台历程和内容等进行了简单的回顾，并就碳排放权交易从发展初期到现在的变化进行了阐释，在此基础上对辽宁省的发展现状进行了分析，指出碳排放权交易具有立法层次偏低、较强的专业性、侧重信用性考察、带有金融色彩、专门机构统一监管与相关部门协同监管、交易及监管具有政策性的特点。

第三部分在对用能权交易的相关内容以及政策等简单介绍的基础上，分析了用能权交易的监管特征，即政府与市场之间定位不清、监管依据不足、监管模式单一化、监管内容差异化和责任性。

第二节　各国排污权交易监管制度及其特点

一、各国监管特征概述

通过对各国排污权交易监管实践和制度、政策等的梳理可以发现，各国在排污权交易的监管和治理方面都有一些共通的经验。在主体方面，其分为三部分，分别是政府、企业和公众；在措施方面，其体现为法规和政策两部分；在监管实施方面，其分为中央政府和地方政府相关机构的监管保障；在配套运行方面，其主要体现为政府相关部门的"伴飞"辅助作用以及市场"看不见的手"的主体作用。

展开来讲，法律保障了国家或地方制定专门针对排污许可的政策，并赋予当地政府的监管法律地位，从法律层面为排污许可的有效实施提供了基础保障；配套文件政策包括污染源排放标准、最佳可达控制技术、合理可达控制技术、最佳可行技术、最佳可行示范控制技术等标准的制定，为污染物的控制、削减、排放提供了充分详尽的参考依据；排污许可证形式多样，涵盖了大气、水、固体废物、噪声、生态等要素，有些国家的排污许可证还分为建设期与运行期。排污许可证类型多样，满足了多种、多层次管理需求；环评文件作为排污许可证申办及核发的重要依据，是排污许可申办工作中不可或缺的重要附件，也是政府部门核发排污许可证的重要参考。

二、各国监管制度实践

（一）中国排污权交易监管制度

1.中国排污权交易监管的实践历程

排污权在我国的发展分为三个阶段，每一个阶段，政府和市场都发挥着不同的作用。20世纪90年代是我国排污权交易实践的起步阶段。国家环保局选择太原、天津、贵阳等地作为试点，主要内容为大气排污许可证的申领、核查及发放。随着工作的推进，试点地区的环境得到有效改善。其取得的工作成绩，也为后续排污权交易实践提供了可供借鉴的宝贵经验。此后，排污许可证制度开始在更大范围实施。

1999年时任国务院总理朱镕基访美时，曾与美国签署相关合作协议，其中包括美国为中国在一些城市开展二氧化硫排污权交易试点工作提供相关协助。在初始阶段，我国政府扮演主导者的角色，政府职能不仅表现在制订具体的实施方案上，更主要的是积极引导买方和卖方完成交易，因而排污权交易在这一阶段的行政色彩显著而浓厚。也正因如此，参与排污权交易的企业积极性差、配合度低。不过，值得肯定的是，这一阶段的政府工作为后续排污权交易制度的实施和排污权交易市场的发展奠定了基础。

2002年，随着对二氧化硫污染治理的推进，国家环保总局选择上海、山西、山东、河南四个省份，从经济、煤炭业、工业、人口四个角度，展开排污权交易的探索工作。在这种趋势下，各地政府也积极响应，主动建设排污权交易二级市场，同步起草各类规范性文件。不过，虽然在这一阶段各地方政府积极跟进排污权交易制度的建立并开展相关试点工作，但排污权交易的实际推行方式基本上仍是政府起主导作用，各地方政府仍旧通过"牵线搭桥"的方式来完成各宗排污权交易，二级交易市场形同虚设，市场发挥的作用仍旧有限。

　　不过，这一阶段政府并不像初始阶段那样起决定性作用，相对来说，政府在这一阶段更多起的是基础性作用。尽管市场机制在资源配置中的作用还没有完全发挥出来，但随着政府角色的转变和影响的减弱，配置资源的市场机制得以进一步发展。

　　总体来看，排污权交易制度的优越性和潜力随着全国范围内试点数量的不断增加和各地方政府探索的不断推进而逐步显现，政府和排污企业对这一制度的认识也更加深刻，为今后排污企业主动参与交易、政府转变角色和定位、发挥监管作用打下了基础。

　　2008年，排污权交易试点工作也在浙江、江苏等省市陆续展开。而后，全国开始大范围地推进排污权交易场所建设工作，我国排污权交易实践进入了深化阶段。

　　除了各地排污权交易场所的设立外，国家和地方政府也相继跟进，出台了更加系统的引导和推动排污权交易的政策性文件。相关地区建立二级市场后，不仅提高了资源利用效率，同时节约了由污染物负外部效应带来的行政成本，且地区企业也得以灵活地控制污染物排放，地区环境得到了保护。在该阶段，市场开始占据主导地位，开始发挥其配置资源的功能，效益开始显现出来，二级市场活跃度得到了很大提升。随着交易的推进，政府的角色逐渐发生转变，不再同前两个阶段一样通过"牵线搭桥"促使企业完成排污权交易，行政干预减少，政府更多地扮演监管者的角色，监督企业排污并促进二级市场良性健康发展。

　　总体而言，我国排污权交易在实践中不断发展，加之政府积极改革，不断加大行政干预的力度，对经济发展和环境保护都起到了积极的促进作用，且对市场进行合理引导，发挥其资源配置作用。

　2.中国排污权交易监管的立法与政策

　　在国家立法层面，关于排污权交易，我国并没有相关的专门立法。虽然《大气污染防治法》部分条文涉及了排污权交易，但其中只提到了要推进该交易，除此之外，并没有其他说明。

　　但是，对于排污权交易制度，如排污许可制度、污染物总量控制制度等，国家都有相关的立法规定。排污许可制度和污染物总量控制制度的相关法律、法规条款包括但不限于：2014年修订的《环境保护法》

第44条的规定，2017年修正的《水污染防治法》第10、20条的规定以及2018年修正的《大气污染防治法》第21条的规定等。除此之外，行政法规中也有提及。与排污许可制度、污染物总量控制制度相关的行政法规条款包括但不限于：2011年修订的《淮河流域水污染防治暂行条例》第11～15条、第19条的规定等。

这些法律、法规为政府制定排污许可标准、实行排污总量控制提供了法律保障和指导意见。同时，法律、法规还授权政府对排污权交易的标准、额度、总量等的监管地位，使政府的行政监管具有了合法性和正当性。

在国家政策层面，《排污许可管理办法（试行）》由环保部于2018年颁布实施。办法对排污许可证的内容、申领、核发、执行、监管、变更、延续和注销等做出了规定。此次试行的办法首次在国家层面对排污许可制度的各种内容、标准进行了统一划定，对各地方政府在排污领域的监管工作进行了方法指导。

总的来说，在国家层面的法律、法规和部门规章中，对排污权交易做出直接规定的较少。其他层面的规范性文件对排污权交易的提及稍有增加，但由于仅仅是规范性文件，只涉及一些排污权交易工作的概况以及部分排污权交易制度的原则性要求，不具有系统性及无细化要求，法律、法规、规章和具体的监管要求都尚待完善。但这些文件的出台也表明，排污权交易逐渐受到中央政府的关注，而这也有助于我国排污权交易的持续健康发展。

除了中央层面对排污权交易的相关规定之外，地方性法规的特点主要集中于排污权交易的许可制度和排污总量控制制度方面。在已开展排污权交易试点工作的全国各省区市中，试点工作基本上都围绕排污许可和污染物总量控制制度的相关内容而展开；同时，针对大气污染防治、水污染防治和生态环境保护三个领域制定地方性法规和规章，在辖区范围内的环境与自然保护方面发挥了积极作用。

（二）美国排污权交易监管制度

1.美国大气排污权交易实践及政策

作为排污权交易制度发源地的美国，它在大气排污权交易领域发展得较快，发展历程大致可以分为两个阶段：第一阶段是20世纪70年代末到90年代初，这段时间美国排污权交易主要处于探索阶段，政府工作主要是在其协调引导下，在地方进行一些局部性、区域性的排污权交易，并且还成功制定了排放削减信用基础上的排污权交易政策，其主要由"补偿、气泡、银行存储、容量节余"四部分构成。

补偿政策于1976年12月制定。该年，美国环保局为满足新建排污企业和现有排污企业扩建的需要，颁布了"排污权解释规则"，并由此制定了补偿政策。补偿政策规定如下：首先，排污企业需安装治污设备，最低排放率需达标。其次，若排污企业想要增加污染物排放，可通过削减本企业其他类型的环境污染物来对增排的污染物进行补偿。满足以上两个条件的企业，政府允许其发展。通过该补偿政策，美国既满足了企业扩建需要和地区经济发展需要，同时也保障了当地的环境质量。

20世纪70年代末，"气泡"才从一个概念转为一项政策进行试点。美国环保局最初对"气泡"的解释是：把一个企业存在的所有污染源都看作一个"气泡"，而这个"气泡"排放的污染物总量需要满足政府根据环境容量计算的排污量要求。同时，允许"气泡"在排放量不变的情况下，通过减少部分污染物排放的方式，增加另一部分污染物的排放。1986年，美国环保局对"气泡"的范围进行了重新划分，主要是舍弃了之前将一家企业的全部污染源视作一个"气泡"的做法，而是将地区范围内邻近企业绑定在一起，将"绑定体"的全部污染源看作一个"气泡"。这一政策既实现了对环境质量的保障，也保证了排放总量标准和区域排放强度标准，同时使得地区企业之间、子公司与母公司之间对污染物排放量的控制更加灵活。

关于银行存储制度，美国1970年通过的《清洁空气法》对其做出了具体规定。条文中指出，各污染源在某一时期遇到减排信用剩余时，可以进行存储，以便将来需要更多减排信用或者需要出售减排信用时使用。银行存储制度主要服务于排污权交易的二级市场，减排信用剩余得以存储和转让，增强了二级市场排污权交易的流动性。

容量节余政策始于1980年，其内容是在企业排污总量并未提高的情况下，允许企业改建、扩建，免除对新建污染源的审查；但如果企业的排污总量增加，则需要审查新建污染源。该政策是美国大气排污权交易政策四大部分中的最后一项，也是排污权交易政策中应用最广泛的一项。

1990年通过的《清洁空气法》修正案以及"酸雨计划"的实施，标志着美国排污权交易监管制度的新阶段由此开始。《清洁空气法》的修订，主要是对排污权交易制度进行修改，对排污权交易赋予了完整、翔实的法律体系保障。其以总量控制为基本思路，配合排污权交易政策的四大组成部分，在具备法律制度保障的条件下，实行排污权交易的做法在美国得到了成功的应用，真正建立了市场化的排污权交易机制。

总体来看，美国大气污染物排放交易是目前国际上排污权交易最为成功的实践，不仅使美国的大气环境质量得到改善，也保障了美国各地区的经济正常发展。统计数据显示，在《清洁空气法》修正案出台的15年后，美国电力行业在发电量增长37%的情况下，二氧化硫排放总量减少40%，氮氧化物排放总量减少48%。而主要污染物排放量的大幅削减，使美国中西部和东北部地区的硫酸盐沉降水平下降了25%～40%，这充分证明了美国大气排污权交易监管的有效。

2.美国水排污权交易实践及政策

在大气污染物排放交易实践之外，美国在水污染物排放交易方面也进行了探索。1977年，美国通过了《清洁水法》，该法案对国家削减污染物的许可制度、污染物最大日负荷总量制度等做出了规定。其目的是减少水体污染物排放，改善水体环境质量，提升政府和法律层面的监管力度。《清洁水法》的出台，标志着美国从那时起逐步建立起防治水体污染的制度体系。

关于污染物削减许可制度，其主要内容为：排污企业必须在获得水污染物排放许可证的条件下才能进行排放，否则将被定为违法行为并对企业进行行政处罚。美国以削减污染物的许可制度为基础，对水排污权交易制度进一步完善，并将其纳入排污信用交易系统中。同大气排污权交易信用一样，如果企业水污染物排放信用有剩余，允许企业在二级市场上买卖相关股票。关于污染物最大日负荷总量制度，其内容是：以测算出的最大排污量指标为基础，对各区域、各流域水体每日的最大污染物容量进行测算，确定排污企业按该指标向水体排放的最大排污量并发放排污许可证。

以上两种制度为美国在全国范围内推行水排污权交易提供了法律依据。

在此基础上，2003 年，美国环境保护署又进一步发布了《最终水质交易政策》。该政策对点污染源（企业间）、非点污染源（公共排污权）、流域总体许可等交易方式在法律上予以认可，对各流域依据自身情况选择水排污权交易方式予以认可。与 1977 年出台的《清洁水法》互补，在交易许可和排污总量的基础上，《最终水质交易政策》的出台在一定程度上增强了水排污权交易的灵活性。按照交易对象，美国的水体污染物排放权交易大体可以分为三类：一是主要发生在点源之间的生化需氧量交易，即企业与企业之间的排污权交易；二是氮磷排污权交易，主要是发生在企业与当地公众之间的点源、非点源排污权交易；三是油脂和重金属的排污权交易，这种交易主要发生在点源内部，如不同排污源之间的工厂内部。

据不完全统计，目前美国至少有 20 个州开始实施水排污权交易。此外，州与州之间也开展了一些流域水排污权交易。美国水排污权交易总体上仍处于发展阶段，法律、法规和相关理论相对成熟，但应用范围和资源配置实践还没有达到大气污染物排放权交易那样成熟。不过，水排污权监管相对成功，政府相关工作已见成效。

（三）德国大气排污权交易监管制度

2002 年年初，德国启动碳排放权交易系统基础性工作。德国联邦环保局不仅在政府职能层面设立了专业管理机构，负责对排污企业进行专项调查和管理，而且在法律、法规上同步跟进，制定了系统的排污权交易法规体系。严格的管理制度与健全的法律、法规成为德国碳排放权交易管理的重要组成部分。这些法律、法规和规章包括《温室气体排放权交易许可法》《温室气体排放权分配法》《排放权交易收费规定》《基于项目机制的德国条例》等。这些法律、法规和规章对排污权的申请、交易许可、费用标准等都做出了详细的解释和界定，为德国排污权交易确立了合法地位。

在管理机构方面，德国在联邦环保局下设立了排放交易处，专门处理排污权交易事务、对接排污权交易二级市场。其主要职能是：核实审理企业报送的排污权申请报告，按账户对每个企业进行登记，发放排污许可证等。

与美国有所不同，德国管理机构的设立，具有明显的行政色彩。以联邦环保局排放交易处为例，其集中体现了政府在排污权交易方面的监管职能。除此之外，德国还专门设立了交易登记机构和管理结构。而二级市场的开放程度主要体现在政府允许排污企业将剩余的政府许可排污量转让给其他有需求的排污企业，或向国家出售以换取税收优惠或环保基金等方面。

总体来看，德国碳排放权交易的参与主体有6类，分别是排污企业、德国联邦环保局排放交易处、州环保局、专业运营机构、碳交易二级市场以及能源办公室。联邦环保局排放交易处是主管部门，主要负责核实审理、登记、发放许可证等；州环保局主要负责对管理范围内的排污企业的监督以及对企业年度排放总量报告的汇总；专业运营机构为排污企业的申请报告起草、设备购买、排放标准提供咨询和帮助，助力企业顺利完成减排任务；能源办公室主要负责"义诊"。在全国性管理结构、地方性管理结构以及第三方专业运营机构的参与下，德国碳排放权交易体现出了行政手段和市场手段互补的监管特征。

（四）瑞典排污权交易监管制度

瑞典对排污权交易的监管，通常是由专门成立的环境法庭进行的。首先，申请排污的企业必须向法庭提出申请，由法庭开庭审理。由申请排污的企业以及环境管理部门参与，同时邀请一定数量的社会民众、行业专家参与整个听证过程。在听证过程中，申请排污的企业首先对自己排污的理由、排污总量以及污染源类型进行陈述，然后环境管理部门就排污企业的陈述进行专业性评价及补充，同时结合公众对企业排污的看法来衡量该企业带来的相关效益及可能造成的不良影响，如企业排污会不会给周边居民的生活带来不良影响。环境法庭在综合考虑各因素的基础上，对该企业的排污申请做出是否准许的决定。如果该企业暂时达不到相应的排污标准，准许其临时排污，并且给予其一定的宽限期，宽限期内必须进行改善，以达到规定的排污标准。其次，对于重点企业的排污，实行"一厂一标"政策，针对企业类型的不同，排污标准有所区别。最后，针对排污企业的监管，瑞典建立了贯穿整个排污过程的监管模式，环境法庭、政府环境监管部门以及社会公众都积极参与到企业排污的监管过程之中，把可能产生的排污风险控制在一定范围之内。

（五）挪威排污权交易监管制度

挪威针对排污企业的实际情况，设定了"需要排污许可"和"不需要排污许可"两种情形。从事农业、林业、牧业以及渔业的企业，在对环境造成轻微污染的情况下，可以不用申请排污许可。除《污染控制法》规定的不需要排污许可的情形外，其他任何企业的排污都需要经过相关主管部门的批准。企业申请排污许可，必须要在当地的报刊上刊登相关信息，同时将申请材料放置于公众可以接触到的地方，以供公众阅读。污染控制部门在搜集公众意见的基础上，结合专业知识，对排污企业的申请做出决定，同时告知排污企业相应的权利。对已经得到许可的企业而言，在其排污过程中，社会公众、环保部门等一旦发现其有违法排污的行为，则对其进行严厉处罚。

（六）加拿大排污权交易监管制度

首先，在排污许可申请的过程中，加拿大主要依据的是各省出台的有关有毒物质的单项法规，同时由各行业主管部门确定本行业的排污标准。此外，督促排污企业做出技术上的改进，积极采取有效的激励措施来克服企业排污过程中所产生的外部性；政府部门还设立专项基金，用来解决一些环境问题和开发环境保护项目，财政部门每年要拨给环保部门专项管理费用。

（七）澳大利亚排污权交易监管制度

澳大利亚的排污许可制度以各州作为管理主体，各州各自制定法律、法规对排污许可进行管理。以新南威尔士州为例，该州颁布了《环境保护操作法案》，根据该法案制定了行业分类管理名录，列入名录中的项目需进行排污许可证申办；名录中的行业主要包括农业、水泥、冶金、化工、矿山、电力、土壤修复等固定源，以及固体废物运输等移动源。澳大利亚的排污许可证为综合许可证，涵盖大气、水、固废、防噪四大领域。排污许可证的特点主要有：管理对象涵盖固定源、移动源；环评文件是排污许可证申办与核发的重要依据。

(八) 日本排污权交易监管制度

日本将总量控制制度作为排污许可的核心制度，核心内容是以大工业、大城市集中的东京湾、伊势湾、濑户内海等作为控制目标，这些水域面积大且较为封闭，不利于污染物的降解与转移。日本对排入上述水域的排污单位的 COD 等污染物进行总量控制。日本同时实施排污申报制度，申报企业需要向环境管理部门提交污染物排放情况、环保治理设施情况、污染源监测情况等相关信息。与其他国家排污许可制度在环境保护中的地位相比，日本将总量控制制度作为环境保护的核心制度，同时以排污申报制度为辅。

(九) 英国排污权交易监管制度

英国的二氧化碳交易制度于 2000 年开始在企业间实施，政府对所有自愿参与的企业逐一登记造册，建立账户。对申报减排二氧化碳指标的企业，政府给予奖励，完不成减排指标的则予以罚款。政府允许企业之间进行旨在削减二氧化碳排放量的交易，建立二氧化碳排放权交易市场，通过市场竞争使二氧化碳排放权完全达到最优配置，并减弱排放权限给经济带来的冲击。

第四章 排污权交易影响因素与行为识别

本书基于扎根理论，采用质化研究方法对排污权交易的影响因素进行研究，进而以探索式理论构建排污权交易影响因素模型，并尝试回答以下两个问题：（1）排污权交易的影响因素有哪些？（2）这些因素与排污权交易存在怎样的联系和作用机制？这不仅扩大了排污权交易影响因素的范围，而且弥补了定量研究的不足，能够为促进排污权交易提供一定的参考价值。

一、研究方法

扎根理论由格拉泽与施特劳斯于1967年在《发现扎根理论：质性研究的策略》一书中首先提出，其属于质化研究。国外质化研究起源于20世纪初，经过六七十年的发展逐渐成熟，而扎根理论是其主要推动力，绝大部分的质化研究都以扎根理论为基础。美国学者杜威和米德等人提出的理论源于实践、着眼于解决实际问题的实用主义以及通过实地观察和深度访谈从行动者视角理解社会进程变化的芝加哥社会学派，深刻诠释了扎根理论的渊源。

近年来，在研究某一现象的影响因素时，人们越来越青睐扎根理论这一研究方法。它在对经验、资料等进行系统分析的基础上进行挖掘、提取和归纳等，以此来构建影响因素理论模型，是由下而上、从实际到理论提升的方法。这种直接从实际观察入手，从原始资料中提取经验并概括，然后上升至理论层面的方法，本质上是一种归纳法。

二、研究设计与编码分析

（一）研究设计

质化研究的第一步是收集资料，本书的研究资料主要来源于调研和网页上的相关内容等。扎根理论不仅是对先验理论的验证，也是对分析资料归纳、整理的过程，发现与研究目标相关的内容，并进行概念化和范畴化，自下而上一步一步地进行理论构建。编码是基本的分析过程，其采用程序化扎根编码操作流程，依次经过开放式编码、主轴式编码和选择式编码，对经验资料进行分析、归纳和提炼等，并将资料预留三分之一进行扎根理论饱和度检验，以保证研究的信度和效度。

（二）编码分析

1.开放式编码

开放式编码（一级编码）要求研究者反复研读资料，在深刻理解之后将原资料概念化以描述现象，在编码中不预设概念，完全跟着资料走，并在概念化的基础上进行初始范畴化、主范畴化，对原资料的相关内容不断提炼。在进行概念化贴标签时，尽量使用原始资料的语句，这样可以减少个人的主观影响。最终得到29个初始范畴，分别是区域政策差异、排放总量限制、交易范围、政策落实、政策完善、"排污权"质押创新、实施"排污权"质押、有效组织、交易服务、交易方式创新、经济发展水平、平台服务、互联网、云服务技术、信息不对称、二级市场不活跃、市场交易机制、企业自身限制、排污权理解程度、宣传讲解、意义、社会责任、沟通交流、协调监管、监管范围、监管能力、数字化监管平台、简化交易环节和电子化交易。表4-1是对部分原始资料的初始概念化，仅节选有代表性的原始语句和初始概念。表4-2列出了开放式编码的初始范畴及其概念化。

表4-1 开放式编码所汇集的概念及其例句

编号	初始概念	原始语句摘录
1	收费差异	我们去年从山东到山西省朔州市山阴县投资3亿元建地板砖生产线，光购买排污权就花了大约200万元，负担不小，以前在山东都是免费获取，来了山西要收费，这样就会影响生产成本和市场竞争力
2	成本差异	我们上级公司有7家企业在重庆，5家企业在四川，四川没搞排污权试点，这样企业之间的成本就不一样了，竞争不公平
3	排放总量限制	……前期受排放总量限制，公司相关污染物排放量一直处于较低状态……产能一直得不到有效释放
4	"排污权"质押创新	没想到排污权也能变为担保品……为我们解了燃眉之急
5	高效质押"排污权"	……为该公司量身定制排污权质押贷款方案，仅用3个工作日便完成方案设计、调查审批、登记公示等环节
6	协调排污权质押融资	协调推动排污权质押融资，实现金融资源与环境资源有序衔接
7	有效组织	有效组织……等6家企业通过线上远程交易竞买所需排污权指标
8	确权服务	在排污权确权过程中，我们将确权的计算方法、步骤都教给企业，在聘请第三方专业公司核算确权的同时，让企业也核算确权，保证确权的公平公正
9	及时提供协助	……由于企业工作人员一时疏忽，导致交易密码遗忘。瓯海生态环境分局审批窗口的工作人员得知情况后及时联系了该企业，帮助企业取回平台账号密码，并对后续总量竞价和缴费进行跟踪指导，全流程线上办理，给企业带来了实实在在的便利

编号	初始概念	原始语句摘录
10	牵线搭桥	……为符合区域污染物总量控制要求,需购买排污指标才能顺利投产。为此,经港闸区政府和市北高新区管委会牵线搭桥,找到有污染物排放指标富余的东港排水有限公司,并顺利完成交易
11	地区生产总值	地区生产总值高,也将带动排污权成交量和活跃度显著提升
12	工业增加值	……排污权交易活跃度与工业增加值近一年整体上呈正相关走势,显著性水平小于0.05……
13	云视频	采用云视频开展排污权交易,既解决了公司新建项目的排污权指标问题,又解决了转让方闲置的排污权交易这笔"无形资产"
14	云转让	通过异地远程视频会谈磋商,宝丰钢业及另外两家制砖厂成功获得了指标……此次交易从协商议价、转让申请、结果公示到转让汇款,实现了跨地区的全过程"不见面、零接触",既方便了企业,又有利于疫情防控
15	云评审	由于疫情防控等原因,企业方不能直接跟专家组见面,为使环评编制工作能顺利开展,生态环境部门提供了"云服务"平台。在线上……等单位5名教授级高工以视频连线形式,审查现场照片和文本,就企业技改项目中涉及的主要挥发性废气收集和处理等展开了讨论,为企业提供切实可行的方案
16	信息不对称	生产实践中存在这样的现象,有些项目处于停产或者关停阶段,指标已经不用了,有些项目的指标有余量,而切实解决有需求的找不到指标来源
17	市场交易机制	……拥有富余排污权的企业没有有效的交易机制,我们真正需要的企业又买不到

编号	初始概念	原始语句摘录
18	企业规模	此次我们污水处理厂核定的初始排污权刚够自己用，未来如果企业要扩大规模，就必须通过市场购买排污权了
19	排污权概念	此前，谈起对"排污权"的认识，郭永梅和同事们更多停留在概念上。"排污权能换成真金白银？"郭永梅说自己做梦都没有想到
20	走访、宣传和讲解	一开始企业对排污权激励并没有概念……不少业主认为排污税都缴了，怎么还有排污权。后来，经过多次走访、宣传和讲解，不少企业开始主动对接生态环境部门对污染物进行确权
21	交易氛围	已有部分企业积极问询下一步交易内容，令交易氛围有了新突破
22	社会责任	作为企业管理者，应当积极落实社会责任，推进节能减排
23	沟通交流	……工作人员多次赴省公共资源交易中心对接汇报，主动与州生态环境局沟通交流，对排污权交易系统进行反复测试，为排污权入场交易打下了坚实的工作基础
24	预警协同管理	……初步构建了"天眼+地眼+人眼"环境监测监管网络，建立了预警规则引擎，融入前端大气、水、固废、自然保护地、土壤环境监测数据及遥感数据，进行统一预警协同管理，全面提升生态环境监控预警协同管理能力
25	简化交易环节	……采取允许先行提交电子材料容缺受理、压缩排污权审核时间、简化交易手续、加大交易频次等务实的工作举措

编号	初始概念	原始语句摘录
26	多功能交易平台运行	进一步优化流程设计，建成了覆盖区市县三级，集信息、服务、交易、监管等功能于一体的排污权交易平台并投入运行
27	流程电子化	实行全流程电子化，行政审批系统和平台交易系统实现无缝对接，买卖双方信息不对称等难题得到解决，企业足不出户即可完成排污权交易，使得交易各环节更为规范、透明、高效
28	简化申报程序	新模块将为企业提供简化申报的程序，企业在电子税务局申报确认即可，无须手工申报缴款项目，优化了企业办事流程
…	…	…

表4-2　　开放式编码所形成的初始范畴及其概念化

编号	初始范畴	概念化
1	区域政策差异	收费差异、成本差异
2	排放总量限制	排放总量限制
3	交易范围	行政壁垒、跨区域交易
4	政策落实	政策落实
5	政策完善	政策制度体系、统一管理
6	"排污权"质押创新	"排污权"质押创新
7	实施"排污权"质押	高效质押"排污权"，协调排污权质押融资
8	有效组织	有效组织
9	交易服务	确权服务，及时提供协助，牵线搭桥
10	交易方式创新	交易模式创新、竞拍模式创新
11	经济发展水平	地区生产总值、工业增加值
12	平台服务	平台服务
13	互联网	互联网

编号	初始范畴	概念化
14	云服务技术	云视频、云转让、云评审
15	信息不对称	信息不对称
16	二级市场不活跃	二级市场不活跃
17	市场交易机制	市场交易机制
18	企业自身限制	企业规模，技术资金限制，专业人员、机构
19	排污权理解程度	排污权概念，政策理解，观念认识
20	宣传讲解	走访、宣传和讲解，交易氛围
21	意义	意义
22	社会责任	社会责任
23	沟通交流	沟通交流
24	协调监管	预警协同管理，监管整合
25	监管范围	监管范围
26	监管能力	监管能力
27	数字化监管平台	数字化监管平台
28	简化交易环节	简化交易环节
29	电子化交易	多功能交易平台运行，覆盖多类型多方式的电子化交易，流程电子化，简化申报程序

2.主轴式编码

主轴式编码又称二级编码（关联式登录或者轴心登录），是将与初始范畴相关联的主题归为一类，从而表现出各个部分之间的联系。在主轴式编码过程中，围绕主轴寻找相关关系，根据不同范畴的潜在逻辑关系进行分类，"主轴"又称为"轴心"。本章最终得到政策体制、政策激励、政府组织服务、经济发展水平、技术水平、市场缺陷、企业限制、企业意识、监督管理和流程优化10个主范畴。主轴式编码过程及结果见表4-3。

表4-3   主轴式编码过程及结果

编码	主范畴	初始范畴	内涵解释
1	政策体制	区域政策差异；排放总量限制；交易范围；政策落实；政策完善	区域政策差异、排放总量限制以及政策的落实等会通过影响企业而间接影响排污权交易，也会直接影响排污权交易
2	政策激励	"排污权"质押创新；实施"排污权"质押	"排污权"抵押贷款、租赁等政策激励手段大大激发了企业参与排污权交易的积极性
3	政府组织服务	有效组织；交易服务；交易方式创新	政府为企业进行排污权交易提供高效服务，使排污权交易顺利进行
4	经济发展水平	经济发展水平	不同地区的经济发展水平存在差异，政府控制力度也不同，直接或间接影响了排污权交易活动的进行
5	技术水平	平台服务；互联网；云服务技术	技术水平决定排污权交易的平台技术，如清洁技术和通信技术
6	市场缺陷	信息不对称；二级市场不活跃；市场交易机制	排污权交易市场不完善，不仅增加了企业的交易成本，也阻碍了排污权交易的顺利进行
7	企业限制	企业自身限制	企业自身的规模、资金和技术等的限制，影响了企业参与排污权交易的程度
8	企业意识	排污权理解程度；宣传讲解；意义；社会责任；沟通交流	企业对相关政策的理解程度以及企业管理层的社会责任感等都会影响其是否参与排污权交易
9	监督管理	协调监管；监管范围；监管能力；数字化监管平台	监督管理贯穿排污权交易全过程，以维护市场交易秩序，确保交易顺利进行；监管能力的强弱、范围的大小等对排污权交易意义重大
10	流程优化	简化交易环节；电子化交易	优化交易环节，不仅缩短了交易时间，也提高了交易质量，为企业提供了便捷

3.选择式编码

选择式编码也称三级编码（核心式登录或选择式登录），是指对主范畴之间的联系进行进一步探索，挖掘出处于统领地位的核心范畴并开发故事线，将大部分资料都包含在理论范围之内。选择式编码重点分析核心范畴、主范畴以及各子范畴之间的联结关系，并以"故事线"进行描绘，这也是理论构建、生成的过程。在本研究中，核心范畴为"排污权交易的影响因素及作用机理"，对主范畴进行进一步归纳分析，可以将其分为企业外部因素、内部因素和调节因素。外部因素包括政策体制、政策激励、政府组织服务、经济发展水平、技术水平和市场缺陷，内部因素包含企业限制和企业意识，调节因素为监督管理和流程优化。其具体理论模型构建如图4-1所示。

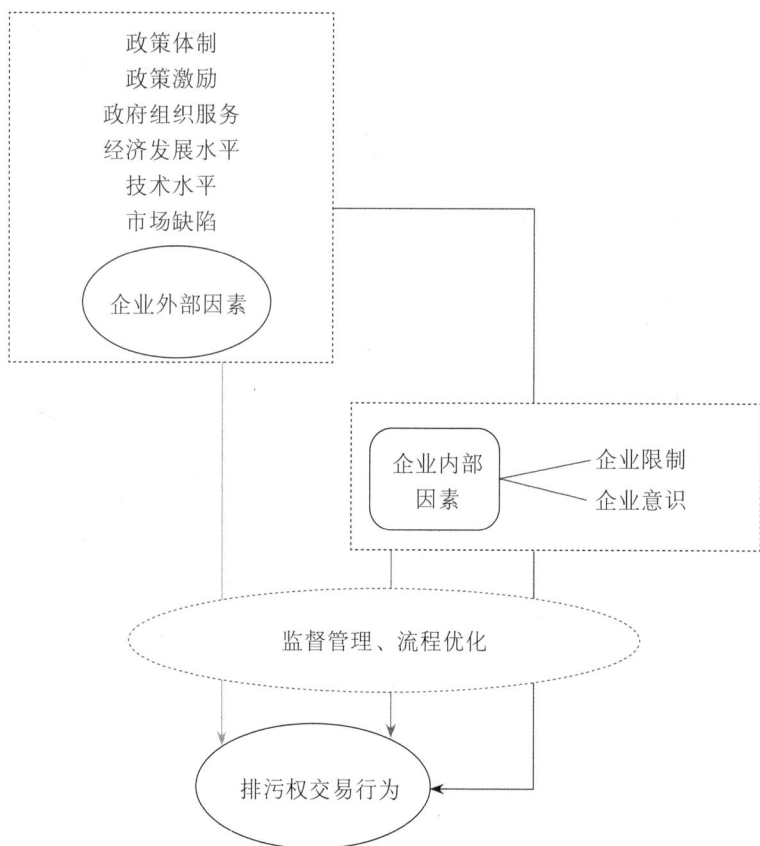

图4-1 排污权交易的影响因素理论模型

4.理论饱和度检验

理论饱和度检验可以判断样本是否足够，当新获得的资料不能再产生新的概念或者归属于新的范畴时，则意味着理论已经饱和。利用预留的1/3的经验资料重新进行编码、概念化和范畴化，并进行检验，结果未发现新的概念和范畴，表明理论已达到饱和。

三、模型构建与阐释

（一）综合理论模型的构建

通过系统分析排污权交易的影响因素，在扎根理论的基础上进行理论模型的构建，笔者梳理出了各个主范畴之间的联系。

（二）排污权交易的影响因素及作用机理模型阐释

1.企业外部因素

（1）政策体制

在我国的排污权交易政策体系中，由于缺乏实际经验，导致相关政策体系并不完善。各地区的政策规定不统一，立法层级较低，对一些具体细则没有进行规范等，都使得排污权交易在实践中暴露出很多问题。政策规定不统一，增加了企业的成本或者使得交易价格不合理；而立法层级较低，则对违法主体起不到震慑作用。

排污权交易的价格机制是非常重要的一个问题，但是目前相关研究较少，经验不足。定价过高或过低都不利于排污权交易，若定价低于污染治理成本，企业主动采用治污技术去减排的积极性就会降低；若定价高于污染治理成本，则不利于发挥排污权交易机制的作用。可见，排污权定价的难度较大。同样，在减少排污权供给总量的情况下，政府的目的不同，排污权交易价格也是不同的。例如，如果政府为了加大环境污染治理的力度而减少排污权供给总量，价格将会上涨；若政府的目的是追求经济发展的同时减少排污权供给总量，价格也可能会下降。此外，环境污染治理具有整体性，即环境污染治理要从整体的角度出发，要全方位治理，但是在制定政策时，就有了区域之分。不同地区的情况存在差异性，从区域治理到整体治理，加大了环境污染治理的难度，尤其是当污染物转移时，不可避免地会对周围环境造成污染。因此，区域政策的差异性也是影响排污权交易价格制定和波动的因素之一，从而对排污权交易行为产生影响。

完善的政策体系可以为排污权交易提供参考依据并进行约束。比如，一些规章制度规定了排污权交易的操作程序和管理方法，对总量确定、行政许可等进行规范。在监管政策体系方面，排污权交易的顺利进行、按规实施，都需要政府进行足够的约束、管控；而依据监管政策进行约束，无疑是最具有强制力的。排污权交易说到底，是政府主导的市场化产物，若缺乏强有力的监管政策进行约束，在各交易主体只追求自身经济利益的情形下，会出现偷排等违规现象，难以保证交易市场的秩序。

（2）政策激励

排污权抵押贷款的相关规定大大缓解了融资困难的企业的燃眉之急，但是如果企业有偷排、超排等问题，则取消其排污权抵押贷款资格，这不仅促进了排污权交易，也在一定程度上减少了偷排、超排等违规现象。排污权租赁的相关规定使得企业可以出租的形式将多余的排污权租给需求方，从而收取一定的费用，这不仅给出租企业带来了利益，也促进了排污权的流动。例如，福建省于2015年出台了《福建省排污权抵押贷款管理办法（试行）》和《福建省排污权租赁管理办法（试行）》，随着民生银行石狮支行与石狮龙祥制革有限公司首笔排污权抵押贷款的签约发放，福建省排污权抵押贷款、租赁业务正式开始实施，这是缓解企业融资困难、激发企业参与排污权交易的积极性、推动排污权交易顺利进行的有益措施。实施排污权抵押贷款、租赁等政策激励手段，提升了排污权交易的便捷性和企业的自主性，缓解了中小企业融资难问题，优化了环境资源配置，也为交易市场注入了新的活力。

（3）政府组织服务

除了排污权相关政策的制定和监管之外，政府对排污权交易的服务程度也影响着企业参与排污权交易的意愿和积极性。政府的组织服务为企业参与排污权交易提供了更多的便利，节约了企业的交易时间，同时提升了服务的附加值。从政府服务主体的职能层面来看，要依据服务需求等特征，坚持问题导向，解决企业所需；从政府服务主体自身层面来看，要提升人员素质，加强其在法律、政策、业务技能等方面的培训，为排污权交易提供优质高效的服务。同时，政府积极的服务态度、高效的服务水平，也可从侧面反映其对排污权交易的重视，减少企业的顾虑。

（4）经济发展水平

区域经济发展水平的高低也影响着排污权交易的效率。各地区经济发展不平衡，对企业的影响是不同的，即使是同类型企业，在排污总量及环境优化配比方面也可能存在差异。一方面，地方政府对排污权交易以及减排水平的控制力度受制于区域经济发展水平；另一方面，在总量控制制度下，各地区由于经济发展水平、发展方式、区域面积等的不同，所获得的排污权指标也存在差异，这都会对排污权交易产生一定程度的影响。此外，经济发展水平高，可能意味着工业较发达，由此带来环境污染问题，对排污权交易的需求更加迫切。

（5）技术水平

无论是排污权交易、检测活动的开展还是污染物排放量的控制，都离不开技术水平的提高。当前，各种"互联网+"服务以及相关污染物排放量的检测技术等，对排污权交易的影响是举足轻重的，使交易方便快捷、数据精准。缺乏必要的技术及设备，就会加大排污权交易的成本，不利于扩大交易市场的规模和范围。在减排技术方面，清洁技术越来越受到关注。清洁技术旨在减少对资源的消耗，高效利用资源，以减少环境污染。比如，利用清洁技术可以将企业排放的二氧化硫收集起来制成硫酸，循环利用，既降低了成本，也提高了企业的经济效益，还保护了环境。此外，通信技术水平的提升，打破了空间和时间的限制，拓宽了信息沟通的渠道，提升了信息交流的质量和效率，可以减少信息不对称给各交易主体带来的风险。

（6）市场缺陷

市场交易机制不完善、二级市场不活跃，以及由此带来的信息不对称、流通性差，都严重阻碍了排污权交易的进行。二级市场排污权指标流通性较差，一方面是因为排污权市场规模有限，污染物的测定依赖一定的设备；另一方面是因为对交易主体的资格限定较多，这些都降低了排污权指标的流通性。大量的交易信息能够为企业提供参考，使其获取所需的信息，充分的信息交流可以降低交易的不确定性和交易成本，因此，排污权交易市场上信息不对称会严重影响企业的决策效果。一方面，企业获取市场上的信息的成本增加，会增加排污权交易的成本，降低企业参与的意愿；另一方面，政府对市场上的信息了解得不透彻，则会影响相关政策的制定以及排污权总量的分配等，干扰资源的有效配置，降低社会的整体收益，对环境造成不可挽回的损害。排污权交易既受政府管控，同时也是市场行为，存在一级市场和二级市场，交易最终在二级市场完成。相比以政府和排污企业为参与主体的一级市场，二级市场以各排污企业为参与主体，企业占据主导地位，且以市场手段进行交易，走市场定价的路子，不可控因素较多。而强化二级市场可以提升企业参与的积极性，同时也是保持排污权交易活跃性必不可少的措施。因此，要加快培育排污权交易二级市场，利用市场化手段来控制污染物的排放，这也是经济高质量发展背景下践行绿色发展的壮举。

2.企业内部因素

（1）企业限制

企业自身的规模、资金等因素，会在一定程度上影响排污权交易。企业是由人、财、物等一系列资源在一定目标下组成的系统，其在运营和发展过程中，除了受到政府、经济和技术等外部因素的影响外，其内部的影响因素也起到了很大的作用。企业是在内外部环境因素的动态综合作用下发展起来的。企业必须对影响排污权交易的内部因素进行控制，才能确保排污权交易的顺利进行。另外，企业规模、资金等方面的限制，不仅会影响企业排污权总量的分配，也会影响排污权交易的进行；排污权融资、贷款、租赁等方面的政策激励可能更容易刺激资金不足的企业参与排污权交易。

（2）企业意识

排污权交易是市场经济行为，排污权本身又具有公共产品的性质，在交易过程中，离不开政府和市场的共同作用。国家推进排污权交易的目的是保护环境，如果企业自身有强烈的社会责任、有环境保护的意识，对排污权政策理解得比较透彻，排污权交易的效果会事半功倍。管理人员的社会责任感在一定程度上也会激励其参与排污权交易这样的环保活动，为社会贡献自己的一份力量。企业积极与排污权交易相关部门进行沟通，可以获得全面的新知识，有助于解决自身在这方面的困惑，做出有利于企业发展的行为，促进排污权交易的进行，也会激发其他企业参与排污权交易的积极性。此外，宣传和培训也是排污权交易过程中不可缺少的环节。实际上，很多企业对排污权（交易）的理解并不是很透彻。福建省在排污权（交易）宣传和培训方面做得比较好，不仅联合各大媒体进行宣传，也深入企业进行演讲，以加深企业以及社会公众对排污权的认识和理解，增强环保意识。同时，也要加强培训，在提升排污权交易人员业务水平的同时，使其对政策的理解更加透彻。企业业务人员应加强对排污权交易相关知识的学习，提高企业整体的经验认识和环保意识，从而帮助企业做出合理的排污权交易决策，意识到环境污染的严重性，激发企业员工自主投入环保事业中。

3.调节因素

（1）监督管理

监督管理贯穿于排污权交易的全过程，是对排污权交易行为的规范和约束，以保证交易顺利进行。除了在顶层设计方面制定监管政策外，在监管实践方面，对排污权交易行为的影响也是很重要的。我国排污权交易试点省份众多，在监管主体、监管内容、监管方式以及监管责任等方面虽有相同之处，但也带有明显的地域色彩，呈现出"求同存异"的情形。各试点省份监管主体大体相同，但在监管内容和监管方式等方面存在差别。比如，我国排污权交易开展最好的是浙江省，其利用大数据创建了"排污权交易指数"，建立了20多个排污权交易管理机构，并且实现了省内4项主要污染物和重点排污企业的全面覆盖。

排污权交易离不开政府的监管，但政府必须以法律制度为依据进行监管。如果地方政府过于追求GDP的增长，对重污染企业偷排等问题睁一只眼闭一只眼，则会降低其他参与排污权交易企业的积极性，不仅会阻碍排污权交易的开展，也难以实现环境保护的目标。监督管理的意义重大，排污权交易监管不力，会衍生出很多问题，会导致排污权交易的不公平竞争，造成排污权交易秩序混乱；而过多监管，则不利于激发排污权交易企业的活力。

（2）流程优化

排污权交易活动的流程优化，可以提高交易的质量和效率。如果交易环节繁杂，会造成信息反馈慢、时效性差，既会降低交易的效率，也会降低企业参与排污权交易的积极性。在新冠肺炎疫情期间，有些试点地区结合疫情常态下交易困难的情况，适时进行流程优化，简化交易手续，压缩电子交易审核时间等。大部分地区利用电子化交易方式进行流程优化，开发了多功能、多类型的电子化交易平台，简化申报程序等，都极大方便了企业交易，提高了排污权交易的效率和质量。排污权交易主要包括定量、申请、交易、登记四项流程，在政府"简政放权、放管结合、优化服务"的工作背景下，部分环节实现了全流程网上办理，十分方便。规范交易流程、简化申请材料、压缩交易时间、整合交易活动等方式，降低了企业的交易成本，改善了流程中的不足，在适应内外部环境变化的基础上，满足了交易主体更高的需求。但是也要注意，流程优化需结合实际需求有目的地开展，不能为了优化而优化，要随着外界的变化而进行改变。

第五章 基于排污权交易市场的
价值网络分析

一、排污权交易市场的角色行为识别

在排污权交易市场的发展过程中，为更好地推动智能排污交易与管理体系升级，提高排污权交易市场的运行效率，使其更好地服务于生产生活和社会发展进步，需要政府发挥主导作用，通过自上而下的顶层设计助推基层系统的整合及多方主体的协作参与，激发排污权购入企业和卖出方的积极性。政府、中介机构、监管机构、交易企业、社会公益机构和志愿者以及广泛的社会群众是排污权交易市场的主体，应根据排污权交易的具体内容和上述主体在智能排污交易管理系统中的角色，厘清各主体的结构功能。

（一）政府角色定位及其识别

在排污权交易体系中，政府在市场发展的不同阶段所扮演的角色不同，工作的侧重点也不同。总体来说，政府职能应包括规划职能、服务职能、保护职能和驱动职能。具体来说，规划职能是指确定市场交易总量和初始分配额度的职能；服务职能是指为推动市场的健康运行，政府应全力完善交易体制，创造良好的交易环境；保护职能是指制定并且维护公平的交易秩序，以保护参与者的利益；驱动职能是指制定相应的激励政策，以提高交易主体的参与度。

（1）规划行为。根据各地方政府对环境承载力的统计与评估，运用系统优化的相关技术，确定全国范围内的排污总量和各地排污指标。各地方政府根据上级指标，估算本辖区可用于交易的排污权总量和排污权缺口量；根据排污权交易标的的不同，对各种污染物排放权进行差异化初始定价，并将相应指标投入市场。好的开端是成功的一半，提前制定科学的规划是成功开展排污权交易的前提和基础。

（2）服务行为和保护行为。服务行为表现为实施许可证管理，收集交易信息；审核企业资质，并对符合要求的企业发放排污权经营许可证；按照规定，定期审核许可证使用企业的合规性和合法性；通过技术手段和大数据平台对许可证进行"连接"，录入交易信息，对交易资格进行审查，并对交易合同以及履约情况进行跟踪；开展排污权交易的公开市场业务，根据市场供需状况买入和卖出排污权，平衡市场运行状态。保护行为表现为通过立法、行政、司法、说明和训导等手段建立人际互动规则，监管并惩罚各种越界犯规行为。为有效惩治违规行为，罚款的力度很重要。政府要根据排污权交易的市场化运作将罚款的比例与市场价格挂钩，同时要明确在违规罚则的运行过程中谁拥有司法权，并严加管控，禁止司法权滥用。

（3）驱动行为。除了规划、服务和保护行为外，政府还应通过制定排污权交易激励政策为排污权交易积极创造条件。与一般的商品交易不同，排污权交易更为特殊，往往不易实现。潜在的交易双方是客观存在的，但是交易欲望一般存在很大差距。实际上，排污权交易的买方由于受生产要求和工期的限制，在排污权交易市场上占有不利地位；而由于排污权产品的稀缺性，卖方惜售和升值的意愿更为强烈。这就给交易的成功和市场的运行造成了一定困难，卖方并不迫切的交易欲望一定程度上会造成市场失灵。为了避免出现这种情况，保证排污权交易市场的健康运行，政府部门应当进行宏观调控和微观指导，特别是要积极奖励出售剩余排污权的企业。

（二）企业角色定位及其识别

企业既是排污权交易的需求方，也是排污权交易的供给方。通过调研发现，各排污企业对排污权交易的参与度很大程度上受限于自身的经济状况，单纯地放任排污权作为营利性产品进入市场，会在一定程度上影响排污权交易在我国的普及度。因此，政府不仅是政策的制定者、行为的引导者、排污权交易基础设施的建设者，也是排污产业的监管者。其具体包括结合实际情况制定相关的政策并引导，投入必要的资金推进交易的信息系统、服务平台和数据库建设，扶持低污染产业，鼓励和支持企业制造智能化排污设备，提供智能排污技术支持等。同时，政府也要强化排污权交易市场的监管工作，制定相关标准，包括技术标准、服务标准、行政管理标准和激励补助标准，提高行业整体的规范度、适应性、持久性。

（三）中介机构角色行为识别

交易权转换服务中心、第三方统计与咨询服务机构作为排污权信息提供主体，在排污权需求企业和结余企业之间起到衔接和"中介"作用，在提供排污咨询服务的同时，既及时传达相关排污权益政策，又可以向政府部门反馈当下最热门的污染权种服务需求。交易权转换服务中心、第三方统计与咨询服务机构实现了实体服务信息和交易数据的采集和加工，实时掌握、收集供需双方在互动过程中所产生的数据，能够为"智慧排污交易"进一步发展提供重要的数据参考。排污权交易离不开评估机构的参与，利用智慧设备和排污许可证记录的排污企业的行业规范以及交易记录、诚信评估情况都是企业后续参与市场经营活动的重要指标。

（四）社会公益团体和组织角色行为识别

专业性的社会公益组织能够协调政府机构、排污权交易需求企业与供给企业对接，因此要引导社会公益组织与政府、排污权交易企业协同，提升为市场服务的水平。当前，污染监控和调查领域从业人员的巨大空缺，难以满足未来我国排污权交易市场的巨大需求，应多渠道积极招募志愿者，加以适当的培训，提供合理的待遇，以智慧信息系统的构建来推动排污服务体系优化。减排设备制造企业也是重要组成部分，要积极引导制造企业开展商业活动，提倡经济价值与社会价值并重。

二、排污权交易市场的价值网络绘制

排污权交易市场的价值网络如图5-1所示。

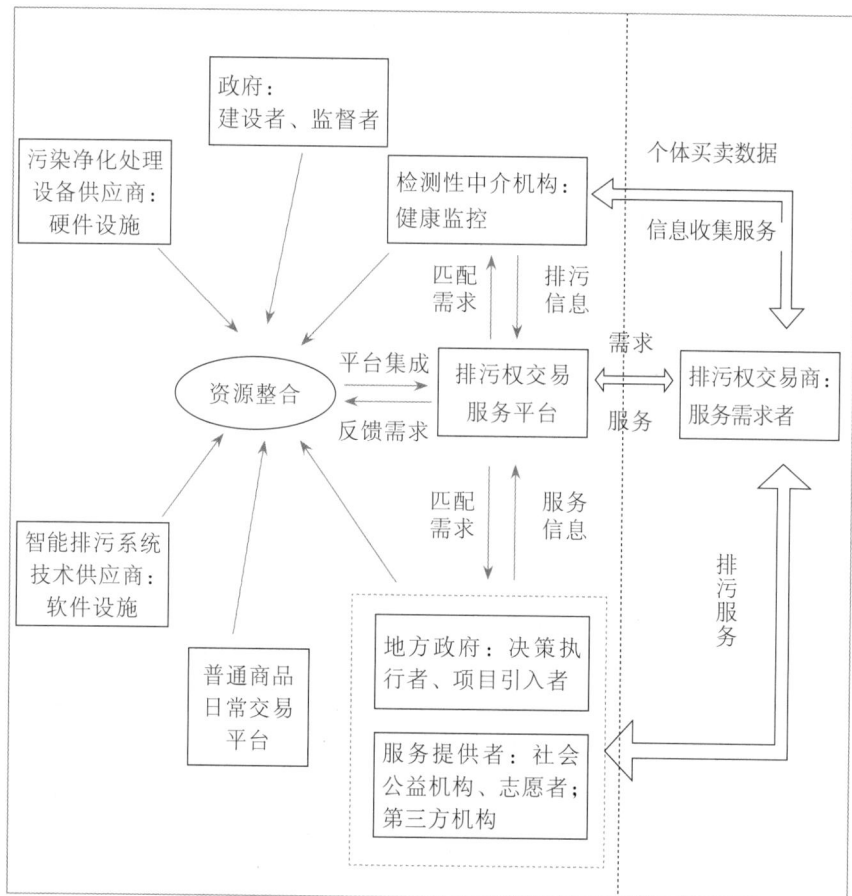

图 5-1 排污权交易市场的价值网络

三、排污权交易市场的价值网络分析

（一）排污权交易市场价值网络呈现核心——边缘结构

在排污权交易市场价值网络中，智慧交易信息平台、中央政府、地方政府、买入企业和卖出企业共同构成了相对稳定的服务供需结构，是

价值网络核心区域。其中，中央政府处于引导地位，且当前政府的引导
力和主导力并存，协调宏观总量信息与服务之间的供需匹配。智慧交易
信息平台、中央政府、地方政府、买入企业和卖出企业间的信息整合、
数据共享存在一定的局限，部分商业化性质明显的参与方被排除在服务
供需匹配的过程之外，难以实现产品服务与供需群体的直接对接，影响
了排污权交易市场规模的扩大。从现行试点地区排污权交易平台的性质
来看，定位不清是交易平台最大的问题。在大多数排污权交易平台下，
地方政府对二级交易市场的行政干预力度过大，影响了市场交易主体的
积极性，不利于市场运行效率的提升。在陕西和天津地区的试点平台，
行政干预的力度较为适当，排污权交易市场比较活跃，能较好发挥平台
的应有作用。

从我国排污权交易进展情况来看，排污单位和政府相关部门是二级
交易市场的主要参与者。其中，排污单位的作用尤为重要，只有排污单
位通过提高减排技术和生产设备性能，才能为市场提供较为富余的排污
权，从而缓解其他排污企业的生产压力，完成二次分配，在排污总量既
定的情况下，实现增产增收。但是现行状况较为不合理，在排污总量和
环保要求严格的情况下，排污权交易市场充斥着较多的破产或关闭企
业，这些富余指标具有一次性的特点，不能维持排污权交易的健康运
行，反而会带来一定的市场动荡，这就需要中央政府积极发展排污权公
开市场业务，调控市场上可流动的排污权。

（二）排污权交易市场主体的长期合作关系难以维持

当前，排污权交易市场价值网络中的核心区域与边缘区域之间存在
分割，核心区域内部不同主体之间以及非核心区域不同主体之间也存在
隔阂，整个价值网络结构呈现碎片化状态。以水污染物排放权为例，受
制于初始分配权的权威，水环境治理体系中结构碎片化问题严重。中华
人民共和国成立以后，特别是改革开放以来，我国大力发展经济的同
时，相当长的一段时间是以牺牲环境为代价的，忽略了对生态环境的保
护，尤其是在水资源方面，一直未引起足够重视，导致水环境问题日益
严峻。相对于其他排污权交易，水污染问题因流域和行政管理组织的分
散性而变得棘手，水污染环境保护机构和监督机构的职责不清晰，水污

染物排放权定价不统一，导致排污系统信息收集模糊，各流域差异性较大，碎片化、即时性问题突出。不同行政辖区、上下游、左右岸的排污管理职责部门不尽一致，难以协调统一，缺少牵头部门和协调机制，所有者和监管者往往是同一个机构级别，过分强调资源开发，忽视资源保护，对排污权的管理不够精细。在这方面，碳排放权也存在类似问题，碳排放权交易市场的主体更为广泛，碳排放权交易金融衍生品种类也更加丰富，如碳现货、碳期货、碳期权、碳保险、碳证券、碳合约、碳基金、碳排放配额和信用等，几乎囊括了所有的金融产品形式，而拥有专业权威知识的人才往往进入不到信息管理链条，由此产生的信息不对称问题较多，沉没成本较高，导致系统难以形成稳定的交易流，从而制约了排污权长效合作机制的形成。

（三）排污权交易价值网络监管力度不够

在排污权交易过程中，专业治理污染的企业通过出售治污技术和服务，帮助排污企业实现减排目标；同时，其又与环保监管部门和中介机构、社会公益团体共同监督排污企业的污染治理成效。这存在监管漏洞和不合理之处，有必要重新划定排污权交易市场价值网络体系的污染监管权责与对象。排污企业与第三方治理污染的企业或者评估机构进行商业合谋时，将催化出更加难以辨别的违规排放和交易方式，加大政府对排污权交易的监管难度。但实际上，除了日常生产经营活动外，排污企业还承担着社会治理的责任，因此想要对排污企业与治污企业进行全面监管，政府必须独立行使监管权，同时也要逐步确立政府的监管机制。虽然第三方环境污染治理企业具备高度专业化和相对集中化的竞争优势，可以将各地分散的污染治理点变得相对集中，理论上应该能减少行政监管部门的监管成本，但这是以各企业自觉遵守排污权交易的法律、法规为前提的，对企业的法律遵从度要求较高。如果有一方在履行义务时存在不当之处，将加大行政监管部门的监管难度和环保部门的工作量，且目前我国第三方治理机制运行中仍存在环境监管力度不够、人员不足、能力欠缺、监管体制不完善等各种问题，不利于排污方与治污方自觉遵守环保法规。

（四）排污权交易市场价值网络中的交易价格不合理

在市场经济背景下，根据价值理论和供求原理，排污权的交易价格应随着市场供求关系的变化而变化，但是从现有情况来看，理论与现实之间存在一定的差距。排污单位出让价格、交易基准价格和政府收购价格是排污权交易二级市场的主要价格。对于破产或者关停单位排污权的出让价格，由于其不需要购买减排设备，所以基本上为政府在该情况下的指导定价，这种情况下的交易价格难以反映市场的供求关系。对排污权交易价格的研究发现，许多地市以政府的指导价为最低价格，且大量交易以政府指导价为最终成交价格，具有比较强的行政色彩，难以反映出各个地区交易企业的成本、市场供求关系和排污权的稀缺性。

第六章 政府监管下区域排污权交易
主体的演化博弈

一、演化博弈模型建立

在模型建立之前，将参与博弈的双方分为政府和对排污权交易存在一定需求的企业。在双方理性假设方面，由于现实中政府无法准确掌握企业的成本及财务状况，故假设政府为有限理性；同样，企业也无法准确掌握政府的绩效指标及自身的完成情况，故假设企业也为有限理性。因而，在假设条件下，两者之间存在信息不对称，在博弈过程中，两者会通过调整自身策略来追求最大收益并达到某种均衡状态。

在博弈双方的行为策略选择上，政府部门作为监管方，既管理着企业初始排污额度，同时又针对企业排污量的多少分别采取惩罚与补贴的策略。

对企业来讲，在控制污染物排放量的前提下，追求自身利益最大化是企业的总目标。对此，企业面临两种选择：一种是通过自身技术能力实现减排，另一种则是借助排污权交易市场来购买额外的排污权。

（一）参数设计

根据上文所阐述的博弈主体及其行为策略，在双方博弈过程中将涉及以下参数设定：

（1）有关排污企业行为策略的相关参数设定。首先假设进行企业技术减排后排污量将不大于初始可排污额度。Q 为企业实际污染物排放量；Q_0 为企业初始可排污额度；Q_1 为企业通过技术实现的减排量；c 为企业每单位污染物进行技术减排所需花费的成本；P 为企业购买初始额度外超额排放时每单位的市场价格；H 为企业技术性减排带来的正外部性社会潜在收益；J 为企业超额度排放污染物带来的负外部性社会潜在风险成本。

（2）有关政府监管行为策略的相关参数设定。首先假设政府采取宽松监管策略时成本忽略不计。G 为政府采取严格监管策略时的成本；f 为企业在超额排放污染物时，政府对每单位超额排放量的罚金数目；r 为企业在进行技术减排时政府对其实现减排量的每单位补贴额度；F 代表政府采取宽松监管政策时，由于企业超额排放所要承担的潜在风险成本；S 代表政府采取宽松监管政策时要承担的应对及引导社会监督的成本。

除此之外，假设政府采取严格监管策略的概率为 x，采取宽松监管策略的概率为 $1-x$；假设企业采取技术减排策略的概率为 y，通过排污权交易购买超额排放额度的概率为 $1-y$，其中 $0 \leqslant x, y \leqslant 1$。由此，构建博弈双方的支付矩阵，见表6-1。

表6-1　　　　　　　　政府与企业演化博弈支付矩阵

政府行为策略 企业排污策略	严格监管 x	宽松监管 1 - x
技术减排 y	$(r - c)Q_1 + H, - G - rQ_1$	$-cQ_1 + H, - S$
排污权交易 1 - y	$-P(Q - Q_0) - f(Q - Q_0) - J,$ $- G + f(Q - Q_0)$	$-P(Q - Q_0) - J,$ $-F - S$

（二）双方演化博弈求解

假设政府采取严格监管策略的期望收益为 U_1，采取宽松监管策略

的期望收益为 U_2，平均期望收益为 U_x；企业采取技术减排策略的期望收益为 U_3，采取排污权交易行为策略的期望收益为 U_4，平均期望收益为 U_y。基于以上假设可得政府的期望收益公式为：

$$U_1 = y(-G - rQ_1) + (1 - y) \cdot [-G + f(Q - Q_0)]$$

$$U_2 = y \cdot (-S) + (1 - y) \cdot (-F - S)$$

$$U_x = x \cdot U_1 + (1 - x) \cdot U_2$$

借此推导出政府的复制动态方程为：

$$F(x) = dx/dt = x \cdot (U_1 - U_x)$$

$$F(x) = x(1 - x) \cdot [y(S - G - rQ_1) + (1 - y) \cdot [F + S - G + f(Q - Q_0)]]$$

企业的期望收益公式为：

$$U_3 = x \cdot [(r - c)Q_1 + H] + (1 - x)(-cQ_1 + H)$$

$$U_4 = x \cdot [-P(Q - Q_0) - f(Q - Q_0) - J] + (1 - x)[-P(Q - Q_0) - J]$$

$$U_y = y \cdot U_3 + (1 - y) \cdot U_4$$

借此推导出企业的复制动态方程为：

$$F(y) = dy/dt = y \cdot (U_3 - U_y)$$

$$F(y) = y(1 - y)[x[(r - c)Q_1 + H + P(Q - Q_0) + f(Q - Q_0) + J] + (1 - x)[-cQ_1 + H + P(Q - Q_0) + J]]$$

联立两者的复制动态方程，令 $F(x) = 0$，$F(y) = 0$，求得两者演化博弈过程中的均衡点为 $(0, 0)$，$(0, 1)$，$(1, 0)$，$(1, 1)$。当满足 $0 \leqslant \dfrac{cQ_1 - H - P(Q - Q_0) - J}{\gamma Q_1 + f(Q - Q_0)} = x^* \leqslant 1$，$0 \leqslant \dfrac{F + S + f(Q - Q_0) - G}{rQ_1 + F + f(Q - Q_0)} = y^* \leqslant 1$ 时，(x^*, y^*) 也是此博弈系统的均衡点。

（三）演化博弈系统均衡点稳定性分析

基于上文求解得到的均衡点，进一步推导该演化博弈模型的稳定策略。Friedman 提出，当均衡点代入，使雅可比矩阵满足行列式 $\det(J) > 0$，且矩阵的迹 $\operatorname{tr}(J) < 0$ 的条件时，该均衡点处的演化进程具备局部的渐近稳定性，该均衡点即演化博弈下的稳定策略点。构建雅可比矩阵对应的行列式和迹如下：

$$\det(J) = (1 - 2x)(1 - 2y) \cdot A \cdot B - xy(1 - x)(1 - y) \cdot CD$$

$$\operatorname{tr}(J) = (1 - 2x) \cdot A + (1 - 2y) \cdot B$$

其中 $A = F + S - G + f(Q - Q_0) + y \cdot [-rQ_1 - F - f(Q - Q_0)]$，$B = -cQ_1 +$

$H + P(Q - Q_0) + J + x[rQ_1 + f(Q - Q_0)]$, $C = -rQ_1 - F - f(Q - Q_0)$, $D = rQ_1 + f(Q - Q_0)$。

接下来将局部均衡点数值代入行列式和迹，对应得到的相关结果见表6-2。

表6-2 演化博弈模型雅可比矩阵

局部均衡点	det(J)	tr(J)
(0，0)	$[F + S - G + f(Q - Q_0)]$ $[-cQ_1 + H + P(Q - Q_0) + J]$	$[F + S - G + f(Q - Q_0)] +$ $[-cQ_1 + H + P(Q - Q_0) + J]$
(0，1)	$(-rQ_1 + S - G)$ $[-cQ_1 + H + P(Q - Q_0) + J]$	$(-rQ_1 + S - G) +$ $[-cQ_1 + H + P(Q - Q_0) + J]$
(1，0)	$[F + S - G + f(Q - Q_0)]$ $[(r - c)Q_1 + P(Q - Q_0) +$ $f(Q - Q_0) + J + H]$	$[F + S - G + f(Q - Q_0)] +$ $[(r - c)Q_1 + P(Q - Q_0) +$ $f(Q - Q_0) + J + H]$
(1，1)	$(-rQ_1 + S - G)$ $[(r - c)Q_1 + P(Q - Q_0) +$ $f(Q - Q_0) + J + H]$	$(-rQ_1 + S - G) +$ $[(r - c)Q_1 + P(Q - Q_0) +$ $f(Q - Q_0) + J + H]$
(x^*, y^*)	$(rQ_1 - S + G)[F + S - G + f(Q - Q_0)][(r - c)Q_1 + P(Q - Q_0) + f(Q - Q_0) + J + H][-cQ_1 + H + P(Q - Q_0) + J]/[-rQ_1 - F - f(Q - Q_0)][rQ_1 + f(Q - Q_0)]$	0

由表6-2可知，系统的稳定性与多个参数有关。令 $X_1 = [-cQ_1 + H + P(Q - Q_0) + J]$，$X_2 = [(r - c)Q_1 + P(Q - Q_0) + f(Q - Q_0) + J + H]$，$Y_1 = [F + S - G + f(Q - Q_0)]$，$Y_2 = -rQ_1 + S - G$，均衡点稳定性分析可以分为16种情况讨论，分别见表6-3和表6-4。

表6-3　　　　　　当$X_2 < 0$时，各情况下均衡点稳定性分析

情况	约束条件	均衡点	det(J)	det(J)	tr(J)	稳定性
1	$X_1 > 0$ $Y_1 > 0$ $Y_2 > 0$	(0, 0)	$Y_1 X_1$	+	+	不稳定点
		(0, 1)	$Y_2 X_1$	+	+	不稳定点
		(1, 0)	$Y_1 X_2$	−	+/−	鞍点
		(1, 1)	$Y_2 X_2$	−	+/−	鞍点
		(x^*, y^*)	$-Y_1 X_1 Y_2 X_2$	+	0	非平衡点
2	$X_1 > 0$ $Y_1 > 0$ $Y_2 < 0$	(0, 0)	$Y_1 X_1$	+	+	不稳定点
		(0, 1)	$Y_2 X_1$	−	+/−	鞍点
		(1, 0)	$Y_1 X_2$	−	+/−	鞍点
		(1, 1)	$Y_2 X_2$	+	−	ESS
		(x^*, y^*)	$-Y_1 X_1 Y_2 X_2$	−	0	鞍点
3	$X_1 > 0$ $Y_1 < 0$ $Y_2 > 0$	(0, 0)	$Y_1 X_1$	−	+/−	鞍点
		(0, 1)	$Y_2 X_1$	+	+	不稳定点
		(1, 0)	$Y_1 X_2$	+	−	ESS
		(1, 1)	$Y_2 X_2$	−	+/−	鞍点
		(x^*, y^*)	$-Y_1 X_1 Y_2 X_2$	−	0	鞍点
4	$X_1 > 0$ $Y_1 < 0$ $Y_2 < 0$	(0, 0)	$Y_1 X_1$	−	+/−	鞍点
		(0, 1)	$Y_2 X_1$	−	+/−	鞍点
		(1, 0)	$Y_1 X_2$	+	−	ESS
		(1, 1)	$Y_2 X_2$	+	−	ESS
		(x^*, y^*)	$-Y_1 X_1 Y_2 X_2$	+	0	非平衡点
5	$X_1 > 0$ $Y_1 > 0$ $Y_2 > 0$	(0, 0)	$Y_1 X_1$	−	+/−	鞍点
		(0, 1)	$Y_2 X_1$	−	+/−	鞍点
		(1, 0)	$Y_1 X_2$	−	+/−	鞍点
		(1, 1)	$Y_2 X_2$	−	+/−	鞍点
		(x^*, y^*)	$-Y_1 X_1 Y_2 X_2$	−	0	鞍点

续表

情况	约束条件	均衡点	det(J)	det(J)	tr(J)	稳定性
6	$X_1 > 0$ $Y_1 > 0$ $Y_2 < 0$	$(0,\,0)$	Y_1X_1	−	+/−	鞍点
		$(0,\,1)$	Y_2X_1	+	−	ESS
		$(1,\,0)$	Y_1X_2	−	+/−	鞍点
		$(1,\,1)$	Y_2X_2	+	−	ESS
		$(x^*,\,y^*)$	$-Y_1X_1Y_2X_2$	+	0	非平衡点
7	$X_1 > 0$ $Y_1 < 0$ $Y_2 > 0$	$(0,\,0)$	Y_1X_1	+	−	ESS
		$(0,\,1)$	Y_2X_1	−	+/−	鞍点
		$(1,\,0)$	Y_1X_2	+	−	ESS
		$(1,\,1)$	Y_2X_2	−	+/−	鞍点
		$(x^*,\,y^*)$	$-Y_1X_1Y_2X_2$	+	0	非平衡点
8	$X_1 > 0$ $Y_1 < 0$ $Y_2 > 0$	$(0,\,0)$	Y_1X_1	+	−	ESS
		$(0,\,1)$	Y_2X_1	+	−	ESS
		$(1,\,0)$	Y_1X_2	+	−	ESS
		$(1,\,1)$	Y_2X_2	+	−	ESS
		$(x^*,\,y^*)$	$-Y_1X_1Y_2X_2$	−	0	鞍点

表6-4　　当$X_2 > 0$时，各情况下均衡点稳定性分析

情况	约束条件	均衡点	det(J)	det(J)	tr(J)	稳定性
1	$X_1 > 0$ $Y_1 > 0$ $Y_2 > 0$	$(0,\,0)$	Y_1X_1	+	+	不稳定点
		$(0,\,1)$	Y_2X_1	+	+	不稳定点
		$(1,\,0)$	Y_1X_2	+	+	不稳定点
		$(1,\,1)$	Y_2X_2	+	+	不稳定点
		$(x^*,\,y^*)$	$-Y_1X_1Y_2X_2$	−	0	鞍点
2	$X_1 > 0$ $Y_1 > 0$ $Y_2 < 0$	$(0,\,0)$	Y_1X_1	+	+	不稳定点
		$(0,\,1)$	Y_2X_1	−	+/−	鞍点
		$(1,\,0)$	Y_1X_2	+	+	不稳定点
		$(1,\,1)$	Y_2X_2	−	+/−	鞍点
		$(x^*,\,y^*)$	$-Y_1X_1Y_2X_2$	+	0	非平衡点

情况	约束条件	均衡点	det(J)	det(J)	tr(J)	稳定性
3	$X_1 > 0$ $Y_1 < 0$ $Y_2 > 0$	(0, 0)	Y_1X_1	−	+/−	鞍点
		(0, 1)	Y_2X_1	+	+	不稳定点
		(1, 0)	Y_1X_2	−	+/−	鞍点
		(1, 1)	Y_2X_2	+	+	不稳定点
		(x^*, y^*)	$-Y_1X_1Y_2X_2$	+	0	非平衡点
4	$X_1 > 0$ $Y_1 < 0$ $Y_2 < 0$	(0, 0)	Y_1X_1	−	+/−	鞍点
		(0, 1)	Y_2X_1	−	+/−	鞍点
		(1, 0)	Y_1X_2	−	+/−	鞍点
		(1, 1)	Y_2X_2	−	+/−	鞍点
		(x^*, y^*)	$-Y_1X_1Y_2X_2$	−	0	鞍点
5	$X_1 < 0$ $Y_1 > 0$ $Y_2 > 0$	(0, 0)	Y_1X_1	−	+/−	鞍点
		(0, 1)	Y_2X_1	−	+/−	鞍点
		(1, 0)	Y_1X_2	+	+	不稳定点
		(1, 1)	Y_2X_2	+	+	不稳定点
		(x^*, y^*)	$-Y_1X_1Y_2X_2$	+	0	非平衡点
6	$X_1 < 0$ $Y_1 > 0$ $Y_2 < 0$	(0, 0)	Y_1X_1	−	+/−	鞍点
		(0, 1)	Y_2X_1	+	−	ESS
		(1, 0)	Y_1X_2	+	+	非平衡点
		(1, 1)	Y_2X_2	−	+/−	鞍点
		(x^*, y^*)	$-Y_1X_1Y_2X_2$	−	0	鞍点
7	$X_1 < 0$ $Y_1 < 0$ $Y_2 > 0$	(0, 0)	Y_1X_1	+	−	ESS
		(0, 1)	Y_2X_1	−	+/−	鞍点
		(1, 0)	Y_1X_2	−	+/−	鞍点
		(1, 1)	Y_2X_2	+	+	不稳定点
		(x^*, y^*)	$-Y_1X_1Y_2X_2$	−	0	鞍点

续表

情况	约束条件	均衡点	det(J)	det(J)	tr(J)	稳定性
8	$X_1 < 0$ $Y_1 < 0$ $Y_2 < 0$	$(0, 0)$	$Y_1 X_1$	+	−	ESS
		$(0, 1)$	$Y_2 X_1$	+	−	ESS
		$(1, 0)$	$Y_1 X_2$	−	+/−	鞍点
		$(1, 1)$	$Y_2 X_2$	−	+/−	鞍点
		(x^*, y^*)	$-Y_1 X_1 Y_2 X_2$	+	0	非平衡点

由表6-3、表6-4的分析结果可知，约束条件不同，系统演化出的稳定策略也不同。在实际情况中，政府宽松监管、减少行政色彩和企业进行技术减排，是社会治理、市场运行的最佳目标。因此，如果使其成为唯一演化策略的话，根据表6-3、表6-4的分析结果，需要满足以下约束条件：

$$\begin{cases} X_1 = -cQ_1 + H + P(Q - Q_0) + J < 0 \\ X_2 = (r - c)Q_1 + (P + f)(Q - Q_0) + J + H > 0 \\ Y_1 = F + S - G + f(Q - Q_0) > 0 \\ Y_2 = -rQ_1 + S - G < 0 \end{cases}$$

二、演化博弈仿真分析

本章基于促进市场自身发展、减少行政干预色彩的稳定策略（宽松措施，技术减排），对政府及排污企业行为策略选择概率的动态演化过程进行分析描述。

根据各省市发布的"主要污染物排污权有偿使用和交易管理暂行办法"的基本思路，并结合文中约束条件规定的取值范围，设置企业购买排污权每单位初始价格 P = 0.95，企业每单位污染物技术减排成本 c = 1，政府监管下行政补贴和处罚的单位奖惩金额 r = f = 0.7，企业排放量超过初始分配额度 Q − Q_0 = 0.5，企业技术减排量 Q_1 = 0.8，政府严格监管成本 G=2，政府采取宽松监管策略下的潜在风险成本 F = 1，政府应对及引导社会监督成本 S = 1.2，企业排污带来的负外部性 J = 0.6，正外部性 H = 0.125。

在保证参数满足相应的取值范围的情况下，由复制动态方程和参数取值可以得到：无论x、y的初始值如何选择，参与博弈的双方最终都会经过演化过程达到（宽松措施，技术减排）的策略均衡状态。取时间区间为[0，10]，利用Matlab2021a软件仿真演化过程，可得系统动态演化相位图（如图6-1所示）。

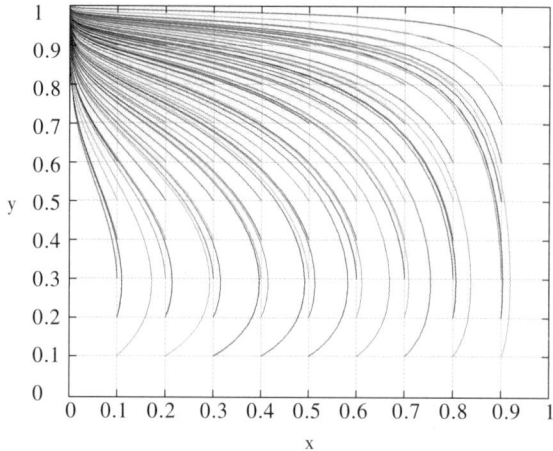

图6-1　系统动态演化相位图

在参数取定的情况下，进行下一步仿真分析。给定一组不同的企业策略选择概率，分析政府初始固定策略选择概率x = 0.25在不同情况下的动态演化过程；同时，给定一组不同的政府策略选择概率，分析企业初始固定策略选择概率y = 0.25在不同情况下的动态演化过程。以上两种仿真分析的结果分别如图6-2、图6-3所示。

从图6-2、图6-3中可以看到，在政府和企业的初始固定策略选择概率都固定为0.25的情况下，虽然演化结果不变，但动态演化过程的速率有所不同。随着政府初始固定策略选择概率的增大，企业演化为技术减排的速率会有所提升；随着企业初始固定策略选择概率的增大，政府演化为宽松措施的速率也会提升。

在对企业和政府不同概率的策略选择所带来的演化过程进行仿真对比后，继续对比不同参数变化给企业和政府初始固定策略概率演化带来的影响。假定企业和政府初始固定策略选择的概率为0.25，时间区间取[0，10]，单独选取每个参数进行调整，在其他参数不变的情况下，仿真分析结果如图6-4所示。

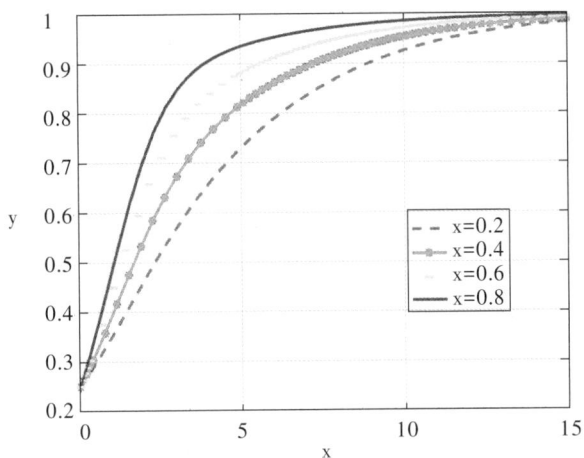

图6-2 x取值变化时企业策略选择演化图

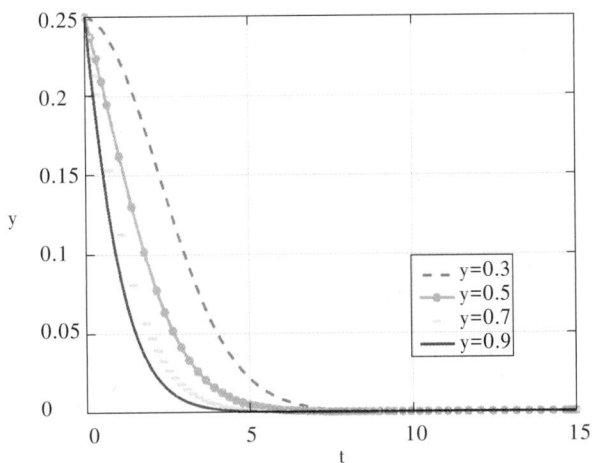

图6-3 y取值变化时政府策略选择演化图

根据图6-4的分析结果，在其他参数不变的情况下，当c、r、G增大时，政府选择宽松策略的概率提高，企业选择技术减排策略的概率降低；当c、r、G减小时，政府选择宽松策略的概率降低，企业选择技术减排策略的概率提高；当f、F、S、H、J、P增大时，政府选择宽松策略的概率降低，企业选择技术减排策略的概率提高；当f、F、S、H、J、P减小时，政府选择宽松策略的概率提高，企业选择技术减排策略的概率降低。

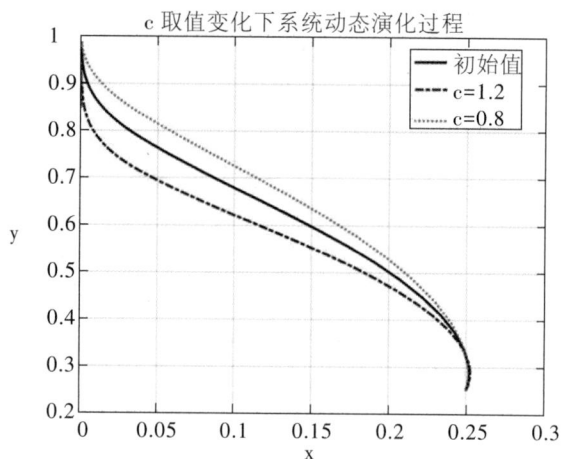

c 取值变化下系统动态演化过程

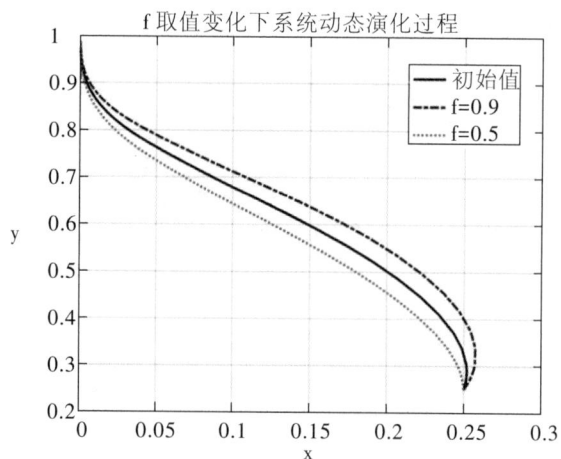

f 取值变化下系统动态演化过程

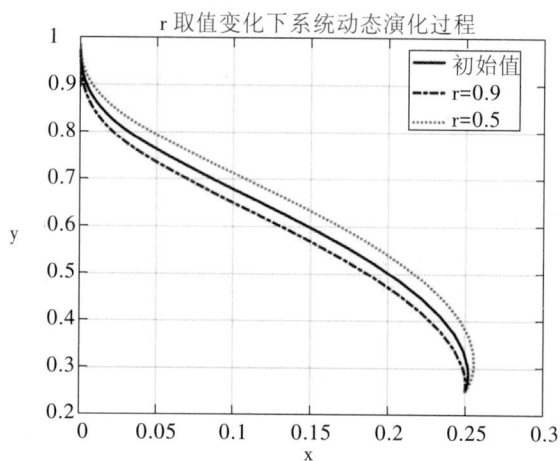

r 取值变化下系统动态演化过程

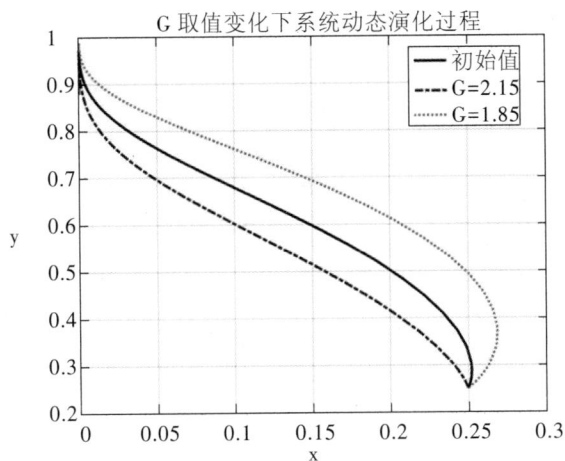

G 取值变化下系统动态演化过程

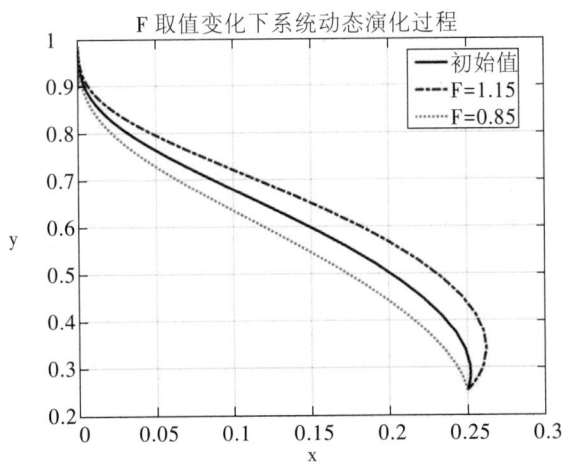

F 取值变化下系统动态演化过程

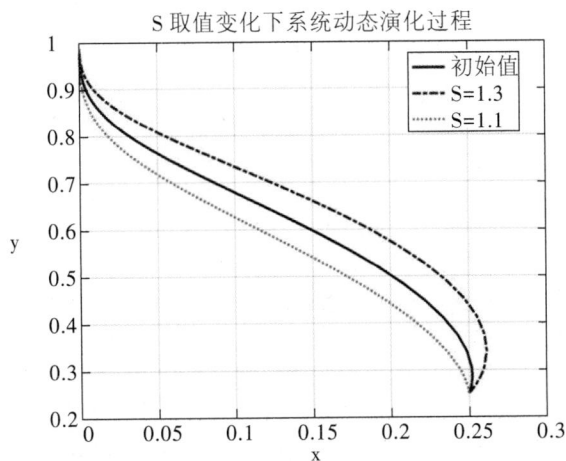

S 取值变化下系统动态演化过程

H 取值变化下系统动态演化过程

J 取值变化下系统动态演化过程

P 取值变化下系统动态演化过程

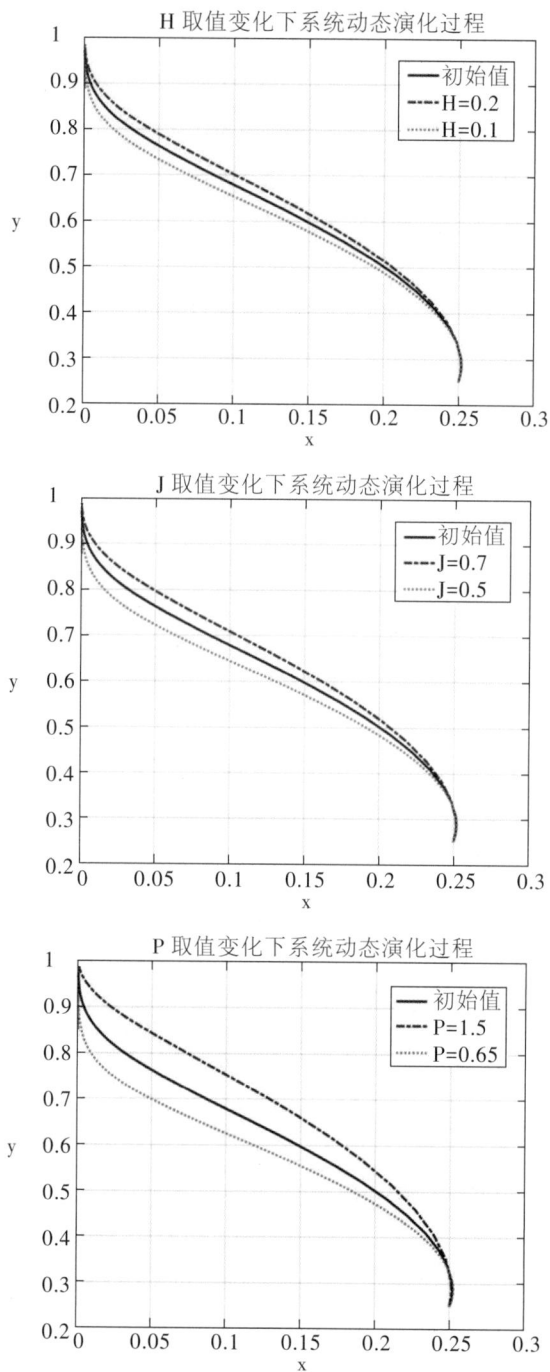

图6-4 不同参数取值变化时企业策略选择演化图

由以上各类参数调整前后的演化博弈仿真结果可知，政府和企业会根据对方的策略选择、市场环境以及社会舆论调整自己的行为策略。当企业技术减排成本过高时，企业较难主动选择技术减排策略，但是可以通过调整政府补贴及罚金价格、引导社会监督、调整排污权二级市场售价的方法来促进均衡状态的实现；同理，对于政府策略的选择，可以通过调整奖惩金额、政府开支的方式，根据当下排污企业的技术减排情况，更精准地把握政府在特定阶段要发挥的特定作用，更好地塑造政府的角色，帮助地区内企业完成技术减排的策略选择。

三、结论

本章将政府和排污企业作为博弈双方，基于二者构建了演化博弈模型。在政府和企业策略选择的动态演化过程中，针对双方的策略选择对对方演化过程的影响进行了分析，也对双方策略选择中涉及的各种变量调整带来的影响进行了比较。

不同于许多文献中追求的政府严格监管和企业技术减排这一策略组合，本书选取了政府宽松措施和企业技术减排的策略组合，将市场的自我调整和企业的主动性、灵活性作为研究中心来分析政府和企业策略选择的动态演化过程。相比其他文献，其更符合当下减少行政色彩、尊重市场经济规律的发展需求。本章由此得到如下结论：

（1）在政府和企业的策略（宽松措施，技术减排）演化过程中，政府在初期的适当严格监管有助于企业更快地实现技术减排。政府要结合监督的成本并充分发挥市场的作用，帮助企业完成技术减排的同时，把握好行政干预的力度。

（2）除政府外，排污权交易二级市场和公众监督发挥着至关重要的作用。排污权二级市场的购买单价调整能够加快企业向技术减排转型的速度，公众监督的力度也直接影响着企业排污策略选择下的正、负外部性效益。提升公众的参与度，降低公众的参与成本，是发挥公众作用以帮助企业实现技术减排的重要手段。

第七章 排污权交易经典案例

第一节 国内排污权交易的案例分析

一、早期对排污权的相关探索

（一）我国排污权发展历程的总体回顾

改革开放初期，曾有学者对污染物排放的总量控制和许可进行过初步研究与讨论。上海市以水污染为例，最早开展了污染物排放和许可的相关实践探索，进行了排污许可证转让交易的初步尝试，此举被认为是我国排污权交易制度的初步探索。伴随着西方经济学理论的深入发展，中西方的经济学交流日益频繁，科斯定理和排污权的相关思想被国内学者广泛研究，越来越多的学者对我国排污权交易提出了大胆设想。唐受印1990年6月在《中国环境管理》上公开发表的《试论排污权交易机制》是我国目前能检索到的最早有关排污权的专题研究。1993年3月修订通过的《中华人民共和国宪法》指出了社会主义市场经济的合法性，之后排污权交易的相关研究逐渐增多，《中国人口·资源与环境》《生态经济》《环境导报》等学术期刊加大了相关文章的发表力度。1997年，国家环保局与美国环保协会合作，进行中国排污权制度的相关研究，胡平生、邢晓军、万秋山、贺永顺等做出了卓越贡献，奠定了我国排污权实践的理论基础。

1985—1994年，国家在全国许多地方进行了对环境污染的控制管理以及排放许可制度的试验。截至1994年，全国实施环境污染排放许可管理制度的地区达240个，累计向全国12 247个企业发放了13 447份排放许可证，治理的污染源达6 646家，削减烟尘总量12.4万吨，减少二氧化碳排放量5.3万吨。同年，国家环保局宣布在全国逐步推行排污许可证制度。1995年，国家环保局制定了我国重点污染物排放总量监控方法框架。1996年，国务院批复了《国家环境保护"九五计划"和2010年远景目标》，确定了我国的环境总量控制方案。至此，排污许可权交易制度运行所需要的总量控制前提基本定型。此外，1999年《总量控制与排污权交易》一书的出版，标志着我国排污权交易发展的草图基本绘制完成。

（二）国内排污权特色试点

近年来，江苏省、山东省、山西省、湖北省、河北省、河南省等污染重点省份和工业大省均开展了丰富多样的实践活动，因地制宜，各有特色。

（1）江苏省的排污权交易实践。江苏省实行弹性制排污权使用年限。其在太湖流域排污权交易方案中提出的分配办法，是以经济环境最优预测和质量最优化为宗旨的，即以数量限制、浓度限制和公正性为制约因素，实行排污权核算。江苏省对排污权的使用年限采取"3+2"的政策，也就是政府先给予企业3年初始权，然后按照企业在这3年期间的总量控制实现情况和实际减排效果确定下一步的使用期限。如果企业完成了总量控制下的减排任务，政府就会给予企业继续使用两年排放指标的权利，否则就取消指标。而针对排污指标，江苏省严格执行配额制度，并对配额的核发程序、使用年限、具体利用方向、储存方式和处理方法都做出了详尽的规范。

（2）山东省的排污权交易实践。山东省根据对污染总额的核算，考虑到环境容量的具体问题，其选择目标污染总额法来核算污染总额。该办法的主要好处是实施成本较低，操作性较强，主要弊端则是无法准确地了解对环境的污染程度，因此目标污染总额法实际上具有很强的主观色彩。在国家一级交易市场，山东省对污染指数的发布一直坚持两项原则：一是严格控制数量，二是保持公平性。参与排污权交易的新老公司在国家一级交易市场采用了混合分配形式，但目前采取了差异化待遇。而二级市场买卖则采用了两个交换模型：基础-信用和数量-交换模型。排污权初始价位的确定，是整个排污权交易顺利进行的重要基础，全国不少试点城市为此都进行了探索。山东省针对这一情况所选择的定价方法为直接交易市场法，与假象交易市场法和替代交易市场法相比，这一价格办法的争议性最小。随着排污权交易市场的发展和相关政策的不断完善，山东省成立了能源环境交易中心，为排污权建立了交易和竞价系统，同时也为环保企业进行排污权价格拍卖和公开交易提供了平台。另外，山东省还就交易价格、政策等制定了一系列措施，为排污权交易提供了必要保证。

（3）山西省的排污权交易实践。山西省进一步规范了排污权交易的范围，排污权交易聚焦于煤电、印染、石油化工等环境污染较为严重的行业，并探讨了配额的划分类型和数量限制要求。在环境污染总量监测的主要方式方面，太原市政府主要采用企业自行检测与城市环境监测部门抽样监测相结合的方法，并对环境污染较重区域进行了重点监测；同时，配备了远程监测装置，并完成了交易信息系统和配额监控体系建设。其主要功能有管理交易企业信息、分发与转移配额、提交配额任务及完成的时间信息，进而实现对配额转移和分发的全系统监督管理。

（4）湖北省的排污权交易实践。湖北省首先对公司所转让的排污权的来源及其污染规模等进行严格的贸易资格审查，并制定了《湖北省实施排污许可证暂行办法》，以全面推广污染许可管理制度，同时对污染企业的排污范围做出了合理而有效的规定。其次是进一步做好排污权交易的企业运行监督管理，对排污企业实施严格监管，并经常核查排污企业所排放污染物的数量是否符合规定；同时，对部分污染总量超标的企业经核实后依法予以相应的经济惩罚，并及时披露上年度排污权交易企业污染物排放状况，内容主要包括排污权交易所涉及的重点污染物排放企业的名称和编号情况、对超标排放企业的处罚情况。此外，与上年度有关数据进行对照，以便在出现问题后及时对排污权交易工作进行微调。最后是排污权交易评估制度研究。湖北省对关键建设项目的排污权指数进行了深入研究，并依此制定了排污权交易评估制度，以逐步健全湖北省排污权交易机制。

二、河北省排污权交易制度的探索

（一）河北省排污权交易制度总体工作思路

河北省排污权交易制度的总体工作思路是：政策导向、经验借鉴、试点先行、两头兼顾。河北省以国家方针政策为导向，以节能减排为目标，推动排污权交易试点工作。其借鉴经验，开拓思路，制定了一系列有本省特色的排污权有偿使用与交易机制；试点先行，积累经验，稳步推进排污权有偿使用与交易工作，节能减排与企业发展两头兼顾，大力推动环保与经济协调发展；坚持注重公平、总量控制、严格监控、新老有别、灵活收费的基本原则，考察学习江苏、上海等地的试点工作经验，研究起草适合本省排污权交易的基本规则，规范主要污染物排放权交易电子竞价行为，推动公平、合理的交易价格的形成；成立省级污染物排放权交易服务中心，由财政资金提供经费保证。

（二）河北省排污权交易制度的亮点

（1）排污权交易基准价格的完善。在排污权价格方面，采取综合因素分类价格法，以成本价格为基准，并兼顾直接市场价格法的有关影响，以鼓励企业积极地治理环境污染，从而达到保护环境的目标，提高污染控制效率。组织相关专家对环境影响区、排污权的稀缺程度、其他省市的排污权交易价格情况进行广泛调研；将企业的减排成本分为设备折旧和维修维护费用、物耗成本、管理费用及能耗费用，各自设立模型测算，系统分析排污权稀缺程度、地区工业化程度、其他省市排污权交易价格对河北省排污权交易价格的影响。

（2）排污权适用范围的扩大。河北省将主要污染物划分为大气污染物和水污染物，先在经济发展快、基础条件好的秦皇岛、唐山、沧州等地试点，积累一定经验后，出台详细实施方案，在全省大范围推广。按照"污染者付费"的基本原则，初始阶段选取污染总量较大、污染监测设备完善的行业，再通过对大气污染物与水污染物排放的重点行业的甄别，并使用层级评分法、模糊综合评价法、回归评分法、综合评分法、灰色关联分析法，最终确定火电企业、水泥、造纸、印染四个污染防治重点行业。为了实现与其他地区排污交易制度的衔接，河北省针对新、改、扩、老项目排污分别出台细化措施。

（3）排污权的期限问题探讨。排污权交易制度应该以政府对排污权的有效控制为根本，同时以企业自主交易来克服政府部门强力控制的缺点。在此，排污权的期限设置是重要一环。初期，河北省主要采取单一环境规划周期内有效的做法进行期限设置，但存在企业自身储存、结转等复杂问题。同时，参考外省市以五年为一个周期、多个周期但之间无配比机制、不定期限的做法，阐明了排污权交易的实际功能及制度设计的意义，深切认识到排污权交易制度设计错误将导致环境污染控制出现问题，无周期设计将造成排污权交易缺乏控制；固定单一短期限设置既不利于调控，又不利于企业自主安排生产。设置排污权期限应当综合考虑及时调控污染物排放水平和环境质量的需要，对期限进行合理配置，使长期、中期、短期综合搭配。

（4）排污权有偿使用费的标准。根据《国务院办公厅关于进一步推进排污权有偿使用和交易试点工作的指导意见》，河北省明确了排污权交易的地位和基本工作要求，确定了省级试点的时间节点，明确了排污权数量的核定标准、权基价确定标准；对试点企业确定了合理核算、明确排污权转让形式、实施排污权有偿取得三项具体紧迫的任务；深入开展排污权有偿使用调查与研究工作，探索制定河北省排污权交易的相关制度，并提出了排污权有偿使用试点工作的期限要求；研究提出了有偿使用项目出让指标的编制方法、以和谐促进环境开发为主的方式；遵循兼顾统筹、服务发展、从现实利益出发、科学合理的原则，实行多要素统一建模估算方法，以环境污染综合治理水平为主要参数，统筹考量环保资源的匮乏状况、区域经济社会发展阶段、企业负担能力、公众反响、相关省份的出让标准、地区政府公共产品出让原则六方面因素，进行建模测算。

（三）河北省排污权交易制度发展的问题与建议

（1）河北省排污权交易制度发展的基本问题。首先，企业的排污权供应能力还不强。排污权交易制度的实施年限一般很短，有排污权的企业很少，有排污权结余的企业也很少，因此导致目前企业的排污权供给水平不高。但基于以上因素的问题可以随着排污权管理制度的推行以及各企业规模的逐步扩大而得到一定解决。其次，企业普遍存在惜售心理。许多企业明明有多余的排污权却谎称没有而不去交易；企业惜售一般是出于担心鞭打"快牛"、期待"牛市"出现、储备扩产"指标"等的考量。再次，区域排污权总量趋于饱和，排污权交易市场难以增加供应，企业惜售心理不断加重，市场供应不足的状况无法改观。最后，排污权资产安全性差、保值性不足、违法违规行为时有发生，影响了排污权交易制度的严肃性。

（2）河北省排污权交易制度发展的建议。首先，优化制度、刺激流动性，引导企业参与排污权交易；迅速拓宽排污权交易的试点范围，合理设置排污权交易的期限结构，完善排污权的价格体系；结转存储，提升排污权资产的安全性和保值性；强化监管和执法，依法严惩违规排放，保障排污权交易制度健康发展。其次，动态看待环境容量，借助补偿机制，增加排污权总量供应。环境补偿是经济系统补偿环境系统、增加环境容量的活动，要以农补工，以生活补生产，增加工业和区域排污权市场供应，调整产业结构。最后，实现排污权交易与排污许可制有机衔接，活跃且规范市场交易，借助市场手段引导节能减排，防治污染。

三、河南省排污权交易制度探索

（一）河南省排污权交易制度的探索背景

我国排污权交易在发展过程中所遇到的困难，是任何事物发展过程中都必然要经历的。河南省作为中原地区工业、农业、交通等都呈现良好发展态势的大省，在存在很多机遇的同时，也面临很大的挑战，经济快速增长的背后面临着环境污染的难题。排污权交易制度在多重挑战面前问题比较突出，在探索的道路上，如果能及时发现和解决排污权交易中遇到的新问题，进一步总结在试点过程中的成功经验与教训，并进一步探讨新的解决办法，就可以实现河南省经济和环保事业的可持续发展。近年来，河南省生态环境厅不断组织有关专家学者对环境容量开展分析调研。调研结果显示，河南省水体环境资源已基本无容量，部分城市的大气环境容量不足，甚至局部地区的污染物排放量已超过环境容量范围，为了使河南省的环境得到改善，促进经济的持续发展，必须积极探索协调环境保护与经济增长的政策手段，即排污权交易制度。

（二）河南省排污权交易制度的实践历程

早在2004年，河南省就积极探索如何运用排污权交易制度有效解决大气污染问题，并颁发了二氧化硫交易许可证，但各地缺乏积极性。2009年，河南省委省政府决定通过试点地区的先行试验来推进排污权交易工作的开展，焦作、洛阳、平顶山和三门峡成为首批试点城市，并获得了有效期为5年的排污许可证，允许对排污许可证使用权进行交易。2011年，信阳市也入选排污权有偿使用和交易试点城市。通过这些试点城市的实践推进，其他地区也推出了相应的管理办法、交易制度、交易价格。结合省内排污权交易现状以及其他地区的排污权交易实践经验，河南省的排污权交易分阶段采取不同的措施，具体来说可以分为三个阶段：第一阶段，由于在排污权交易二级市场上主要是新建企业，即以新项目为交易主体，因此采用分散交易方式，企业自行交易，同时加快建设省市两级排污权交易中心。第二阶段，在建好排污权交易中心后的初级阶段，为保证排污权交易的规范化推进和运行，强化政府监督，将排污权交易中心列为环保行政主管部门直属的独立机构，即事业性单位，并由同级财政部门支付交易的运行成本；鉴于河南省的实际情况，在交易方式上，建立排污权交易储备中心，这样可以灵活地对排污权进行出售。第三阶段，发展到成熟阶段后，将排污权交易中心的运行扩展到县级，同时建立企业性质的排污权交易中心，使其真正过渡到市场化阶段。

（三）河南省排污权交易制度取得的成绩与不足

为了更好地推进排污权交易，河南省出台了一系列配套经济政策、配套法律基础政策和配套技术政策。在配套经济政策方面，通过税收激励手段、金融政策、收费制度、罚款制度并与财政手段相结合，实现经济与排污权交易协调发展。为确保主要排污权交易得到科学、规范的管理，有关部门及时组织人员进行交易立法调研，分析确定有关环境容量的资源特征，提出总量管理的政策建议，并制定排放许可管理条例、对主要污染物排放权有偿使用的措施、企业排污量和排污绩效核定技术规范、有偿使用和排污权储备资金管理政策等；通过这些政策为排污权交易提供基础法律支持，推进排污权交易健康发展。此外，针对主要污染物是大气污染物和水体污染物的状况，河南省制定了相应的技术政策，作为企业交易和政府主管部门管理的依据。

河南省自启动并推行排污权有偿使用和交换管理制度以来，共有130多家工业企业向排污权有偿使用管理机构缴纳资金约430亿元。根据河南省政府出台的《河南省主要污染物排污权有偿使用和交易管理暂行办法》和《关于明确排污权有偿使用和交易工作有关事项的通知》，现阶段进行排污权有偿使用管理的主要是化学需氧量、氨氮含量、二氧化硫、氮氧化物这四类。河南省发改委、省财政厅、省生态环境厅综合考虑环保企业的发展水平、污染处置能力和社会经济建设条件等因素，共同制定了四类污染物排污权价款，具体是：每吨化学需氧量4 500元、每吨氨氮含量9 000元、每吨二氧化硫4 900元、每吨氮氧化物5 000元。河南省实施的排污权有偿使用与交换政策，是环境保护方面一次重要的基础性技术创新与机制变革，同时也是生态文明体系构建的重要内容。

排污权也是一种资源，但并非谁都能够无偿利用。对排污权的有偿使用将促使我们形成治污有效、资源有价的理念。因此，河南还要进一步创新排污权交易方式。大气污染物排污权将在全国区域内交换，火电项目的排污权将在区域内交换，水体污染物排污权将在同一个流域内交换。上述价格将成为排污权交易的政府指导价。只有一家排污企业申购排污权的，将按指导价进行；多家排污企业同时申购一个排污项目排污权的，也应该将指导价作为底价，并采取竞价、拍卖等手段确定交易完成价。专家表示，排污权交易采取市场化方式，对环境保护能够产生有效影响，能调动环境保护的内生力量。

由于排污权交易标的的特殊性与不确定性，以及在收集相关数据资料上存在困难，河南省排污权交易在以下三个方面还有待开展进一步研究：与排污权交易相关的地方性法规的制定、排污权交易初始配额的公平性分配、排污权交易实施效果的考评体系。

（四）河南省排污权交易制度发展的措施和建议

推行排污权交易的目的主要是减少排放总量，为此，政府部门和相关企业必须努力探索和制定针对排污权交易的支持性措施，建立以政府部门和企业为基础，以财税支持、专项基金和财政补助为主要手段的排污权有偿使用制度，并采取财政措施扶持和推动排污权交易机制的形成。以下针对各项支持目标，分别阐述有关的财税措施：

1.对排污权交易企业的税收减免政策

（1）政府按照企业的减排总量与交易额实行不同级别的税收减免政策，并划分企业所得税与增值税减免的范畴和类别，使税收减免政策与排污权总量的分配制度相联系。比如，企业运用先进技术实施节能减排，如果污染减少量远远高于政府规定的削减总量，那么企业剩余的排放指标不但可以进行贸易，而且政府会以市场价购买，以此提高企业的治污积极性。同时，政府也会针对企业的减排基础设施建造与运营进行相应的补贴，这样就可以有效推动企业进行节能减排技术的研发与改进，最后实现总量调控的目的。另外，针对新增企业和老企业，政府可以实行差异化的财税优惠政策。同时，各市级人民政府也要真正从本区域经济社会可持续发展的实际需求入手，对新增企业的经济影响进行正确的评估，以防止出现地方保护主义。在排污权交易开始进行的一至两年中，若新增项目对排污的贡献很大，财政上就要予以适当的奖励性补贴，对治污低耗效益较突出的企业在税收政策、科技和融资等方面给予适当扶持；待企业扩大规模或重新增加排污项目后，可优先考虑在税收方面实施优惠政策。

（2）制定企业减免税费的具体审核流程。首先，根据企业的交易量和减排总量，确定其税收减免额；对于之前参与过排污权交易减免税的企业，可以简化其审批流程；对于新批准的企业，则要明确减免税审核流程。审核一般分为申报、提交、审批、核定分配额度、年终清算等多个阶段。主要审核流程是由地方的生态环境局出具环保审核报表，企业的审核报表录入准确后，由当地财政部门的财税人员对企业实施减免税审核。在审核流程中最重要的一环是监督，为此，税务机关与环保部门应当加强信息沟通，并利用大数据平台的监控技术和信息分析，对环保周报、季度报告等进行逐项审查，使企业依据有关法律、法规合理申请，相关部门严格核实与批准。

2.关于生态环境局和乡镇政府的财务政策

城市生态环境局是地方排污权交易机制的重要执行机构，负责总量的控制、对排污者的追踪监测和地方排污许可证的核发等具体工作，所以省生态环境厅要对各个城市的生态环境局实施补助，重点是弥补地方企业的投入。而根据国家排污权专款专用的规定，各个城市的生态环境局也应把排污权交易经费重点放在对地方环境污染的防治、减排项目的补贴、排污权企业的收购、地方环境污染源的监控体系建立、地方排污权交易平台工程建设以及运营保障等领域。城市生态环境局管理的排污权非税账户发生重大损失的，省生态环境厅要予以相应的补助；对于环境等级较高的企业，也要根据其排污权交易的实际情况，对其实行奖励性补助等。此外，对乡镇政府的补助，重点在于其因支持农民开展污染物减排活动而产生的支出上。在排污权交易初期，为了激发乡镇政府的投入热情，可以在低排污权价格的行业关系中对其进行照顾，并把排污权以较低的价格卖给各级乡镇政府。

3.排污权交易的相关法律、法规

市场经济的实质是法律市场经济，只有在一定的法律、法规保护下，参与市场运作的环保经济政策才具备合法性和权威性。在我国，第一部有关排污权交易的立法是1987年出台的《大气污染环境防治法》。该法规明确，各级政府在颁发排污许可证时要以国家污染物排放总量控制标准为基准，并以提高更环保的产品的质量为最终目标。此后，国家和各地方政府也出台了大量的与排污权交易有关的政策和规定。从这些政策和规定中我们可以总结和参考一些比较成熟的经验。

（1）明确排污权交易市场的法治基础。完整的排污许可管理制度包括排污单位的申请登记、排放指标的核算和分摊、排放许可的交割及后期的合同监督检验等。在立法上必须明确排污许可证的效力与约束范围，并受立法保障；将排污许可制度与污染总量监控制度相结合，为排污权交易的正常开展提供制度基础。而为了逐步健全河南省排污权交易制度，必须进一步完善、执行与环保有关的法规及与排污许可等相关的政策。

（2）研究出台对排污权交易企业的处罚政策。要想有效运行排污权交易体系，还需要进一步细化具体的交易规则，以明晰各方的权责，尤其是对交易的参与者来说，最关键的就是公平合理。因此，第一步需要处理的问题便是明确环境容量资产的所有权以及排污权分配制度。也就是说，在市场经济条件下，唯有当交易参与者具备法律承认的排放资格，它们才有机会参与相关交易。其次，加大对违规行为的惩罚力度。对骗取排污指标、违反市场交易规则而私下买卖或操纵市场等违规情况，一律给予严厉打击；涉嫌构成犯罪的，要根据法律、法规追究其刑事责任。立法应该发挥为排污权交易单位设立法律底线的功效，违规企业一定要受到应有的处罚，这样交易单位才能有高度的纪律性和积极性；而法规的限制也将成为在排污权交易中最关键的利益保障，因此在立法过程中要对惩罚手段进行合理的解释，这也是在排污权交易机制中真正具备强制性法律执行力的一条有力防线。比如，在排污者滥用、非法转让排污权或者违规操作时，可要求其暂停排放，或者责令整顿、交纳保证金，或者责令其停产、吊销执照等；如果交易单位不履行交易协议，如排污总量超标，可对其做出违规查处的决定。生态环境部门还必须在企业进行排污权交易时紧密联系市场监督管理部门，对不交纳排污保证金的企业，可责令其停产。同时，对于排放总量严重超标的企业，可对其进行严厉处罚，特别是交易后排污量超过排放总量一半以上的企业，将不可以再生产，直到企业交纳完罚金且其污染物处置设施能够满足排放要求后，才允许其继续生产。对于拒不配合的排污企业，除约束其经营行为之外，地方政府部门还必须追究其民事责任。缴纳的罚金可存入排污权专用账户，作为排污权交易中实施各项政策和措施的经费。

（3）拟定行政管理人员的职责与处分措施。排污权交易的成功离不开行政管理人员的努力，一旦这些人员在排污权交易过程中以权谋私，则将破坏整体排污权交易环境，并导致严重后果。因此，需要在法规层面对行政管理人员的行为做出规范，明确其具体工作职责，并针对违纪情况视其情节轻重采取具体的惩罚措施；构成犯罪的，要依法追究其刑事责任。

（4）强化对排污权交易中介的监督管理。对排污权交易中介来说，他们可能会利用市场漏洞来谋求不法利润，或提供不切实际的监测报表和环评报告，这对污染监测跟踪体系来说是一种极大的损害。一旦出现此类现象，会对排污权交易机制造成巨大的消极影响。因此，在立法时要抓好每个环节，并对排污权交易中介组织加强监管，明确其责任，这样才能在全省构建起"监管规范、效率运行"的排污权交易机制。

4.排污权交易的监管机制

科学、合理的监管机制能够提高排污权交易的效率，降低交易过程中的寻租成本，营造一种公平、透明的交易氛围。这可以从行政监管和社会监管两方面推进。

（1）强化行政监管。行政监管工作必须贯彻落实到排污权交易的整个过程中，特别是在排污权交易的最后阶段，行政监管工作更加必要。首先，必须建立污染数据的实时监测体系，以奠定政府环保监管工作的信息基石。这一方面要求政府相关部门提升监测仪器的配置能力，另一方面又要求生态环境部门强化对污染监测体系的技术监控能力，以确保对排污单位的污染信息和污染物排放状况的实时监测，并及时跟踪污染源的排放动向。其次，强化过程监管，保证制度严格执行。在排污权交易过程中，要提高政府部门的监管执行力。政府部门应当监管企业在排污权交易过程中的所有活动，包括出售、采购、减排、确定交易价格等。同时，政府部门也有责任把交易过程中的相关信息最大化地提供给所有对其有需要的公司。政府部门作为排污权交易的监管主体和保证人，要建立一套科学合理的排污监测体系、配额监控体系、达标判别体系。政府部门的监管工作必须延续至交易完成，要督促交易各方按照协议的约定履行义务，并进行交易评价。

（2）强化社会监管。作为行政监管的有益补充，社会监管对排污权交易的开展起到了难以替代的作用。政府部门不仅应当鼓励市民参与监管，同时应当鼓励部分市民和环保主义者成为排污权交易的参与者，对排放指标进行采购、交换或储存。这不仅能够有效监控行业的发展情况，同时有助于政府对污染物排放的控制管理。河南省政府应逐步把社会监管机制纳入排污权交易体系中，把排污权交易的有关资料通过适当途径向社会公布，接受公众的监督。为此，首先必须提高公民的环境保护意识，让他们了解污染给环境造成的影响、环境治理的意义及其与自己的切身关联。既然排污权是一种所有权，公民又是该种所有权的最后所有者，且排污权具有公共产品的性质，所以应该加大推广力度，也可以采取试点先行的方式。其次要增设方便公众参与监管的便利渠道，如利用排污权交易的互联网公共信息平台，通过地方报纸、杂志、广播、电视及其他媒介等，对排污权交易的运作过程、交易价格、交易各方的个人信息等内容加以披露，公众也有权对上述信息进行核实或提起质询。再次，鼓励市民对违规、违法交易的排污项目进行投诉，引导市民参与交易全过程的监管；针对大宗排污权交易召开听证会，鼓励当地群众参加，主动倾听社会建议。最后是引导公民针对自身导致的污染情况进行整改，节能减排，从自己的实际行动开始，为环保做出更大的贡献。

第二节　国外排污权交易的案例分析

谈及排污权交易，不得不提国外的一些优秀实践案例。戴尔斯是美国著名经济学家，他在20世纪六七十年代率先提出排污权交易理论，美国也是第一个将"排污权"从理论付诸实践的国家。随后，德国、芬兰、瑞士、日本、英国、澳大利亚和加拿大等国也迈入排污权交易的行列，并取得了丰硕成果，为我国的排污权交易监管提供了实践指导。

一、美国

美国关于环境的立法比较系统和完善，为排污权交易监管提供了有力支撑。20世纪五六十年代，西方国家经济亟待复兴、中东石油廉价，在多种因素交织下，大气污染严重，引起各国的重视。1963年，美国适时颁布《清洁空气法》，旨在对空气污染进行控制，并确定了所控制的污染气体种类。7年后，美国通过《清洁空气法》修正案，同时出台国家环境空气质量标准。随后，各州又制订了实施此标准的计划，即州实施计划。州实施计划中详细规定了达到空气质量标准的过程、时间以及所采取的控制措施等。但在随后具体的实践中，效果不尽理想，许多州并未达到要求，"非达标地区"应运而生。这些地区受到许多限制，如建立新污染源等。同时，美国也创立了污染补偿体系，于1976年出台了《排污补偿解释规则》。该规则的推行在一定程度上缓解了建立新污染源的限制，它也被称为补偿交易规则。这一规则允许新增污染源在满足以下条件时发展：第一，新增污染源必须安装相关设备进行污染物排放的控制；第二，新增污染源的排放率必须满足排放标准（达到最低排放标准即可）；第三，能够通过对该地区其他污染源的超额削减来抵消新增污染源的排放。补偿政策的实施，解决了非达标地区新建、改建污染源的发展问题，兼顾了环境污染控制，实现了经济效益和环境效益双赢。

1975年12月，美国环保局为进一步控制污染气体的排放和完善治污措施，出台了《新固定源执行标准》，该标准对"气泡"进行了阐释，并于4年后推出"气泡政策"。恰如其名，该政策将所有企业都放入一个"气泡"中，"气泡"内包含了各种污染源，从成本控制角度考虑，在"气泡"内，各污染源排放量可相互调节，只要不超过排污总量；可通过减少一种污染源的排放而增加另一种污染源的排放。这说明"气泡政策"适用于拥有多个污染源的企业，不考虑每种污染源的具体排放情况，从总体角度进行控制，企业为降低成本可在"气泡"内进行调整，合理安排各污染源的排放，既满足外部排污总量限制的要求，又降低自身成本，从而提高企业绩效。相较于传统监管方法，"气泡政策"为美国节约了大量资金。1986年，美国环保局将同一地区的不同排污单位纳入一个"气泡"中，"气泡"的范围得以扩大，同时为排污权有偿交易提供了需求。在特定区域排污总量的控制下，排污单位可通过购买"气泡"内其他单位的排污权，以避免自身治污成本太高。"气泡政策"于20世纪90年代初终止，但其蕴含的思想影响着日后的排污权交易。

在排污总量限定的条件下，企业会出现排污指标不够用和有结余的情形，两种结果都会产生不利影响。一方面，对于缺少排污指标的企业，其正常经营受到影响，在寻求合作企业以缓解排污总量指标约束的过程中也需花费一定的成本；另一方面，排污指标的结余可能会使企业对清洁技术的使用过于懈怠，这与减少环境污染的初衷南辕北辙。在这些问题的驱使下，1979年，美国将"银行"这一概念创造性地引入排污权交易中，建立了排污银行。此项计划的实施使得排污企业可以将结余的"排放减少信用"作为"存款"存入银行，既可以在未来以备不时之需，也能出售给其他企业获取收益。对减排信用的购买者而言，极大节约了其去市场上搜寻的成本，这种两全之法被称为"储存政策"。起初，美国环保局并未打算设置储存机制，认为储存机制和《清洁空气法》相悖。显而易见，"储存政策"的实施不仅激励排污企业去寻求清洁技术和清洁工艺，以达到减排的目的，从而获得富余的排污削减信用，用于出售以获取收益或待未来扩大生产规模使用，而且为缺少排污削减信用的企业提供了一条捷径，降低了其获得排污削减信用的成本，实现了经济效益和环境效益的平衡增长。但考虑到初次实施存储机制不确定因素较多，因此在存储排污削减信用时会对相关企业加以限制，如部分银行对存储的期限进行约束，规定只有5年有效期。

和前述政策相比，应用相对广泛的政策是容量结余政策。此项政策最初于1980年用于环境明显恶化地区和未达标地区，1981年拓展到达标地区。当改建、扩建企业的污染物排放增加量超过之前设置的排污标准时，将会面临严格的检查程序，而容量结余政策的实施给了企业缓冲的机会，改扩建企业可以利用以其他方式获得的排污削减信用，来抵偿其改扩建带来的污染物排放，使企业免于担负严格的检查程序所要求的举证和行政费用。容量结余政策简化了改扩建项目带来的检查程序，使企业节约了成本。相比补偿政策、气泡政策和储存政策，容量结余政策将重点放在简化审批程序上，体现了对行政效率的重视。

1982年4月，随着《排污权交易政策报告书》的发布，补偿政策、气泡政策、储存政策和容量结余政策这四项政策逐渐统一于排污权交易计划中，为日后的排污权交易提供指导。美国的这四项政策是对排污权交易进行的探索和实验，为后来的正式开展排污权交易提供了借鉴，大部分学者将这一阶段定义为第一阶段，也即实验阶段，并将之后正式开展排污权交易的历程定义为第二阶段。1986年12月，在《排污权交易政策总结报告》中，进一步对减排信用的产生、使用、储存和交易的污染物种类以及交易市场的范围等做出了限制。

自20世纪90年代起，排污权交易逐渐向全国发展，交易的污染物也逐渐向二氧化硫集中，所采用的总量-分配模式得到广泛应用。顾名思义，总量-分配模式就是环境管理部门根据某企业的排污情况为其规定排污总量，然后将其分配给各类污染源。在这方面比较典型的代表是酸雨计划。酸雨计划是1990年提出的，在修正的《清洁空气法》中有相关记载，目的是解决二氧化硫这种污染物的排放引起的酸雨问题，主要集中在电力行业。酸雨计划的实施不仅减少了二氧化硫等污染物的排放，而且促进了排污权交易和排污企业减排技术的更新换代，从而达到了改善环境的目的。酸雨计划的实施分为1995—1999年和2000—2010年两个阶段：第一阶段要求在1980年的减排水平上再减少350万吨排放物；在第二阶段中增加了管理对象，电厂规模达到2.5万千瓦以上时需参与该计划，将目标定为年二氧化硫排放总量比1980年少1 000万吨。通过排污总量目标的设定，发电企业获得了一定的排污许可量，在排放二氧化硫的过程中，其排放许可量需满足相关要求，否则会受到惩罚。哪些企业可以参与二氧化硫排污权交易呢？随着实践的进展，该交易的参与者涵盖了法定参与者和自愿参与者两类。在1990年开始实施酸雨计划时，《清洁空气法》修正案中就规定了部分的必须参与者，也即法定参与者，涉及高污染电厂、新电厂和老电厂等。参与二氧化硫排污权交易的企业比未参与企业的排污成本要低，主要体现在许可证价格上，这激励一些排污企业自愿加入排污权交易体系中。在许可证的分配方面，初始分配形式有无偿分配、拍卖和奖励，其中无偿分配是主要形式。由于拍卖既可以使有需要的排污企业获得许可证，又不增加二氧化硫排放总量，还反映了许可证的市场价值，具有很好的指导作用，所以美国环保局专门扣留一部分许可证用来"现场拍卖"和"提前七年拍卖"。排污企业既可以从市场上购买排污许可证，也可以将自己多余的许可证出售给其他许可证紧缺的企业，以获取部分收益。美国环保局为了交易的方便，为许可证的持有者建立了交易账户，包括企业账户和普通账户。企业账户为二氧化硫交易体系的参与单位设立，在年度审核时，用于检查排污企业的排污许可量能否满足其需求；而普通账户的应用范围较广，是为所有交易主体设立的，在交易协议达成后，经由美国环保局确认，许可证在账户间进行转移，交易完成。

排污权交易需以精准的排污检测为前提，以确保每张排污许可证与每吨排污量的对应关系。在污染气体的排放检测中，连续排放监测系统（CEMS）得到广泛应用，排污企业必须在每个烟囱上安装，为排污交易体系提供直接的排污数据。其检测设备的运行达标率并不低于美国环保局的标准，可以减轻政府的负担。美国环保局对连续排放监测系统进行监督，依靠三个数据信息系统获取排污企业的信息，在两级监管之下确保排污企业的数据准确。排放跟踪系统（ETS）使二氧化硫的排放有迹可循，能完整、准确地记录排污数据。年度调整系统（ARS）则需要在年末计算出每个账户所要扣除的许可量。申请人跟踪系统（ATS）可以判断参加排污权交易的企业是否达到了要求，若排放总量超过所拥有的许可证规定的数量，不仅要补扣许可证，还要面临比从市场上获得许可证所支出的金额20倍还多的罚款。

酸雨计划的实施取得了优异的成绩，成为较成功的案例。酸雨计划两个阶段的目标也都顺利完成：第一阶段，二氧化硫减排速度下降明显；第二阶段，提前三年完成目标，二氧化硫减排效果明显，酸雨出现的次数减少，水质酸碱污染的情况也有所缓解。酸雨计划的成功在于其引入了市场机制，真正激发了企业的积极性，达到了改善环境的目的。

在酸雨计划实施之前，美国曾将排污权交易应用到铅淘汰计划中，来促进炼油厂汽油中铅的减少，并为汽油中铅的削减设置了目标，要求降到原有水平的10%。美国环保局于1982年发放了一定数额的"铅权"，如炼油厂提前完成了铅淘汰的任务，就可以将剩余的"铅权"出售给有需要的炼油厂。这激励了炼油企业加快削减铅含量的速度，从而获取收益。3年后，美国政府设置了"铅银行"，为"铅权"的储存提供便利。当时，全国一半以上的炼油厂都参与了"铅权"交易，比早期的排污权交易还要活跃。铅淘汰计划于1987年年末完成，项目终止。

　　空气具有流动性，污染性气体在空气中可能会发生化学反应，从而生成新的污染物。美国南加州地区就曾出现过这样的问题，从该地区排放的氮氧化物和硫氧化物来看，都没有超过既定标准，但臭氧和PM2.5却呈现出超标状态。南加州人口密集，大部分活动场所都在南海岸空气盆地西部，地形为碗形，且多数时间风自西向东由海岸吹向内陆，极易造成严重的污染。20世纪90年代以前，南加州空气质量管理局以命令控制型政策治理环境污染，空气污染情况虽有缓解，但离清洁空气的目标依然相距甚远。1993年，南加州通过区域清洁空气激励市场计划，对氮氧化物和硫氧化物的排放进行限制，并采用加速折旧法对设备计提折旧。根据美国《空气质量管理计划》的标准，区域清洁空气激励市场计划设置了三个阶段的目标，都针对区域内的年度配额总量，依次是氮氧化物和硫氧化物分别降低70%和60%、氮氧化物降低20%、硫氧化物降低51%。该计划结合排污企业的污染治理情况和减排方面的付出确定初始配额，初始分配的排污削减信用是免费的，不能用于存储。每个排污设施都有一张记录排污削减信用数量、减排目标、监测计划和处罚方案等信息的设施许可证，向公众公开排污信息，并接受其监督。排污权交易以点对点的分散型方式进行，未设置固定的交易平台，但建立了正式的登记制度和公告平台，用于追踪排污削减信用价格以及为排污权交易双方提供相关信息。当某个地区的污染源过于集中时，容易出现局部污染气体密度较大的问题。区域清洁空气激励市场计划的实施很好地解决了这一问题，将交易范围划分为沿海和内陆两个区域。考虑到沿海地区的污染气体易被风吹向内陆，在对两个区域进行规划时，对沿海地区交易的排污权进行了限制，企业只能从沿海地区购买排污削减信用。此外，该计划也将移动污染源纳入了排污权交易体系中，如报废旧车等。

　　从美国的排污权交易实践状况来看，铅淘汰计划和酸雨计划的实施较为成功，取得了不错的减排效果，为之后的排污权交易积累了经验，打下了坚实的基础。美国作为排污权交易制度的发源地，其对排污权交易的探索意义重大，在不同程度上影响着其他国家排污权交易的实践。

二、欧盟国家

欧盟国家在碳排放权交易方面的成绩尤为显著，欧盟所建立的排污权交易体系是全球最大的，每年的碳排放权交易量和交易金额可占全球的3/4以上。欧盟国家在进行碳排放权交易时，主要围绕《京都议定书》而展开。《京都议定书》为相关国家规定了温室气体排放量减少的目标，具有较强的约束力。对欧盟国家来说，2008—2012年较1990年要削减8%的温室气体排放量。如何实现这个目标？2002年12月，欧盟各国召开会议，确定温室气体排放交易的基本原则，建立"温室气体排放权交易市场"的共识逐步达成。2005年，欧盟委员会制定了排放权交易体系，计划实施二氧化碳排放权交易制度，并设置了两年的过渡期，强制部分发电站、钢铁业和造纸业等行业参与排污权交易。排污权交易使用的软件平台由具有丰富经验的证券或能源期货交易所建立和维护，在一定程度上减少了一些不必要的问题。欧盟排污权交易体系实施总量管制规则，参与排污权交易的企业都被设定一个排污上限，每年年底提供排污信息，若排放量没有达到上限，在排污权剩余的情况下，可以进行出售或留待未来使用；反之，如超过规定的上限，必须额外购买排污权，否则会被罚款。这激励排污企业进行技术升级，以达到排放削减的目标。

为更好地促进排污权交易，《京都议定书》提出了三种灵活交易机制，又称为"京都三机制"，包括联合履约机制、清洁发展机制和国际排放交易机制，这三种交易机制都将市场的思想贯穿其中。联合履约机制的实施比较早，该机制涉及两个国家的企业开展合作项目，共同为温室气体的减排做出努力，以达到互利共赢的目标。一般而言，较发达国家的企业负责提供资金、技术和专业人才等，另一方合作企业多来自发展中国家。当发达国家（的企业）难以达到《京都议定书》中所规定的目标时，清洁发展机制的出现缓解了这一状况，从某种程度上来说，清洁发展机制也是一种补偿机制。通过清洁发展机制所获得的减排量可以抵消其产生的排污量，也就是将该机制所获得的减排量计入总减排量中。在这样的背景下，发达国家从成本角度考虑，为达成减排目标与发展中国家进行合作。发达国家负责提供必要的材料、技术和设备，发展中国家将减排量转移给发达国家，两者互利共赢，同时促进了发展中国家的技术进步。国际排放交易机制允许超额完成减排目标的国家将其富余的减排量出售给需要减排量的国家，但交易的范围还较窄。例如，荷兰和芬兰等国都积极推动并践行清洁发展机制和联合履约机制，积极参与减排活动，获得了不少的减排量。荷兰2002年与某集团签订了为期3年的合同，在该集团的清洁发展机制项目下，购买并获得了1 000万吨二氧化碳减排量。芬兰也积极践行清洁发展机制和联合履约机制，与萨尔瓦多、泰国和越南等国签订意向书，并于2003年购买了50万吨减排量。

欧盟排污权交易体系主要包括2005—2007年和2008—2012年两个阶段。第一阶段为碳排放权交易积累经验，提出了"做中学"思想，并对碳排放权交易制度执行过程中的问题予以修正。在这一阶段，交易涉及能源、钢铁、水泥、玻璃、造纸等行业，且主要以二氧化碳为交易对象，排污企业的污染物排放量每超过1公吨罚款40欧元。第二阶段开始正式实行排污权交易，经欧盟委员会批准，各成员国可以增加交易的气体种类，范围也从国内向整个欧盟地区扩展，超额排放的罚款金额增加至每公吨100欧元。相比第一阶段，第二阶段交易所涉及的行业有所增加，交易对象也从二氧化碳向其他温室气体延伸，罚款力度有所加大。在经过这两个阶段后，排污权交易机制逐渐成熟，为环保事业做出了不可磨灭的贡献。

德国的环保制度比较完善。2002年，德国开始实行碳排放权交易制度。为此，联邦环保局专门建立管理机构，检查排污企业的机器设备，商讨相关法律事宜。同时，还成立专门机构负责发放许可证、核实排污申请报告、对排污企业进行登记以及与其他国家合作开展排污权交易等相关事宜。对所有机器设备完成检查后，达到一定排放量的排污企业可以与联邦环保局签订协议，经审核后获得碳配额。此外，排污权交易的申报程序格外严格，必须逐级申报，联邦环保局是最高行政部门，享有受理和分配排污权的权利。德国于2004年7月颁布《温室气体排放交易法》，规定了交易的基本原则，所有二氧化碳排放源均需受到监督，达到一定排放量的单位经审核可获得排污许可证。其将排污权交易纳入法律范畴，为后续与排污权交易相关的规定的推出打下了基础，如《排污权交易费用规定》就是在这一法律基础上制定的。为促进与其他国家合作排污，在联邦政府对清洁发展机制的支持下，德国于2005年9月颁布《项目机制法》，为排污权交易提供有效保障。目前，德国在排污权交易方面的法律和管理制度日趋完善，在减排方面取得了优异成绩。

在《京都议定书》的目标要求下，芬兰也积极探索如何开展排污权交易。2010年，芬兰颁布《航空排放交易法案》，旨在以经济方式减少航空部门的温室气体排放，而后在2015年对该法案进行了修订。芬兰的航空排污权交易由芬兰运输安全局和能源局主管，运输安全局负责分配、检测和报告排污权配额，排污权配额的记录、管理和拍卖等事宜则由能源局负责。航空营运人负责检测有关数据，有义务制订检测计划，并编制、核实排污报告，将其提交给运输安全局。值得注意的是，航空营运人所检测的数据包括排污量和吨公里数，需在每个排污权交易期开始的前4个月将其提交给运输安全局。芬兰运输安全局将排污权配额申请转交欧盟委员会，欧盟委员会确定待分配、拍卖、特别储备的配额总量以及分配基准。经欧盟委员会批准，芬兰运输安全局在3个月内向航空营运人发放免费减排证书。可以看出，排污权配额分为三部分，分别是待分配的配额（即免费配额）和用于拍卖的配额以及特别储备的配额。免费配额是航空营运人所申请的排污权配额，占比最大。拍卖秉持公开、公平的原则，通过电子交易系统进行。而特别储备的排污权配额主要用于新加入排污权交易体系以及吨公里数增幅比较大的航空营运人，但向个别营运人发放的配额数需低于100万个。当航空营运人的活动停止或许可证被撤销，运输安全局通报撤销命令后，能源局不再记录其账户上的排污权配额。若航空营运人发生改变，在新营运人的通知下，能源局将更换排污权配额的登记账户。此外，当航空营运人出现未

制订检测计划、未经上级批准、提供虚假信息或不正当使用排污权配额
等情况时，运输安全局会公布其名称并收回配额。在2010—2020年期
间，航空营运人可以将固定设施的排污权配额用于航空排污权交易，而
航空排污权配额不能用于固定设施的排污权交易。自2012年以来，芬
兰的航空排污权交易已经成为欧盟排污权交易体系中的重要组成部分，
其为交通运输走进排污权交易市场打开了空间，也为欧盟其他国家参与
排污权交易提供了许多值得借鉴之处。

三、其他国家

2011年12月，瑞士颁布了《二氧化碳减排联邦法案》，旨在减少诸
如使用化石燃料等产生的温室气体。当排污企业的排放量处于中高等水
平时，其可以申请参与排污权交易。联邦委员会结合排污企业的碳税负
担及与排污企业相关的经济部门的价值增加情况、碳税对排污企业国际
竞争力的影响程度，确定哪些企业参与排污权交易，并对参与交易的企
业免征相关碳税。在总量控制目标下，根据减排目标确定总的排污权配
额，除分配给排污企业外，也会保留一些配额给新参与者使用。若排污
企业超额排放，且未能提交超额部分的减排证书，每吨二氧化碳当量需
向联邦委员会支付125法郎的罚款，并将超额排放所需的减排证书在下
一年度报送联邦委员会。2012年11月，瑞士颁布《二氧化碳减排条
例》，此条例在2014年和2017年又经过两次修订，所涵盖的温室气体也
逐渐增多，从二氧化碳拓展到甲烷、二氧化氮等。在交易过程中，瑞士
联邦环境办公室负责计算总的排污权配额数量和参与交易的排污企业应
分配的配额数量，并根据排污企业的申请是否符合要求决定是否签发减
排证书，包括在排污企业的排污过程中所记录的检测报告以及由特定人
员核实的核查报告均需交由联邦环境办公室。各州向联邦环境办公室报
告相关计划和采取的二氧化碳减排措施及其有效性。参与排污权交易的
企业必须进行注册登记，若出现企业相关负责人10年内有刑事犯罪或
排污企业提供的信息不正确等情况，联邦环境办公室有权拒绝为其开
户。当排污企业不能提交与排放量相对应的减排证书时，联邦环境办公
室有权进行处罚。在排污权交易体系中，若排污企业前三年的排放量低

于每年 2.5 万吨二氧化碳当量，可不参与下一年的排污权交易；但若有一年超过 2.5 万吨，则必须参与下一年度的排污权交易。2016 年，瑞士与欧盟签订了一份有关排污权交易的双边协议，预示着瑞士排污权交易体系逐渐与欧盟的体系接轨。

日本的能源比较匮乏，其减排空间并不大，付出的成本也较高，日本政府历来致力于提高资源利用效率。在这样的情形下，日本在减排方面倾向于使用碳汇和《京都议定书》中提出的三个灵活机制来达到减少污染物排放量的目标。日本早在 2000 年就参与了排污权交易活动，如由日本东京电力等 9 家公司联合成立的专门从事排污权购买的 COI 民间团体，为随后的排污权交易实践提供了宝贵经验。2002 年，《京都议定书》被批准后，日本政府相关部门提出了采用灵活机制的要求，为排污权交易奠定了基础。同年 7 月，日本参与了第一个联合履约项目，对《京都议定书》"2008—2012 年间主要工业发达国家的温室气体排放量要在 1990 年的基础上平均减少 5.2%"的目标计划起到了重要作用，保证这一期间其二氧化碳年平均排放量比 1990 年减少 6%。同年 12 月，日本参与了第一个清洁发展机制项目，每年从该项目中获得的二氧化碳减排量高达 113 万吨。2005 年，日本建立了一个针对温室气体排放的交易市场，参与交易的企业可以自行设定 2006 年的二氧化碳减排目标，并计算为达到该目标所需支付的费用（主要是购买排污设备的费用）。一般来说，二氧化碳排放减少得多，则认为其花费比较大。排污企业将计算完的费用明细提交政府有关部门，经审批通过后，就能获得该项费用 1/3 的补助金。年终，会有专门机构对目标的实现情况进行检查，若没有达到目标，则需退还补助金。所有参与此计划的排污企业需在两年内完成目标，可以通过本企业的技术升级等措施来实现目标，也可以通过从其他企业购买排放配额、用造林项目或在国外减排的努力来抵消超额排放的污染量，从而实现减排目标。

英国从 2002 年开始进行碳排放权的交易，为减少二氧化碳的排放，在碳排放权交易制度下，各排污企业可根据自身的污染控制情况自由买卖排放配额。为了促使更多企业参与二氧化碳排放权交易，英国制定了与排放权交易制度相适配的奖惩制度，奖励申报削减二氧化碳排放量指标的企业，而对完不成排放量指标的企业进行罚款。很多企业为了避免被罚款，会从完成指标的企业那里购买富余指标，这样就形成了二氧化碳排放权交易市场。英国政府从2003年开始设置奖励基金，奖励那些按时完成排放削减目标的企业，对完不成目标的企业责令其退还申报削减排放量指标时的奖金，这种影响还会波及再次申报时的奖金发放。

澳大利亚工业以煤炭消费为主，减排空间大，人均温室气体排放量位于世界前列。为减少发电和用电所造成的二氧化碳排放，澳大利亚于2003年启动了新南威尔士减排系统，3年后，对该减排系统进行升级，一直到2012年建立正式的国家碳减排系统。2004年，澳大利亚制订了国家排放交易计划。2006年8月，政府部门在一份讨论文件中提出建立限额和交易系统，对温室气体排放交易机制进行设计。同年，总理霍华德针对气候变暖提出一项涉及5亿澳元的环境计划，主要用于清洁能源和可再生能源的生产和开发。2007年，澳大利亚提出实行排放配额交易的减排措施，政府负责发放配额，配额用完的排污企业也可以从其他企业购买（配额），未完成减排目标的排污企业将会受到罚款。2007年年末，在联合国气候大会上，澳大利亚签署了《京都议定书》，加入全球减排行动的行列。

加拿大的第一笔碳交易始于2008年，其交易所被称为蒙特利尔气候交易所。该气候交易所并非独立机构，而是由众多组织合力建成的，不仅包括加拿大的金融衍生品交易所，还有位于美国的芝加哥气候交易所。加拿大前环境部长戴恩提出，企业、组织或个人都可以采取减排措施，将其获得的减排量出售给有需求的企业或政府，从而建立一个排污权交易市场，激发民众参与排污权交易的积极性。其排污许可证中记录了污染源的基本情况、污染物可排放量、排放法规和标准、采取的排污措施、监测方法及其频率、减排效果自我评价、排污企业的承诺、许可证有效期及其签发部门等内容。排污许可证的收费包括固定和可变两种，由财政部门进行管理，作为环境发展基金，用于环境治理。

四、启示

排污权交易制度作为一种新生的环境保护制度，自实施以来就受到人们的不同评价，褒贬不一。这是无可厚非的，因为排污权交易制度需要经过实践的锤炼，才能更加完善，最终达到环境效益和经济效益的平衡。从国外排污权交易实践来看，以市场手段治理环境势在必行，采用严格的命令控制方法已成为过去式。政府的过度干预抑制了企业参与排污权交易的积极性和市场的灵活性，以市场手段来改善环境，不仅可以降低施政成本，而且见效快。在市场自我完善的同时辅以政府管制，可以高效率地处理环境污染问题。从法律制度层面来讲，法律是一切行动的准则，古今中外，没有一项活动的成功能离开制度的约束。有些国家在排污权交易方面的立法比较完善，如美国，相关法律为排污权交易提供了支撑。我国在借鉴其他国家相关排污权交易的法律时，需结合我国现有的社会制度和法律体系，既要取其精华，又要注重本土发展，这样才能更好地为排污权交易筑牢根基，不至于其成为空中楼阁。也只有在实践中，才能真正地发现并解决问题，促进排污权交易制度的完善，使其发挥真正的价值。从环境污染的特点来看，污染物的扩散性和流动性加大了对其检测、监管和治理结果评价的难度。因此需要结合排污企业的基本情况、区域特征、气候变化以及污染物的种类和特点，进行差别化管理，广泛动员群众的力量，合力对污染物的排放进行监管。从企业和公众的参与度角度来看，毫无疑问，企业的参与度越高，市场交易越活跃，越有利于排污权交易。公众的参与度越高，越能加快排污权交易中的信息流通速度，起到宣传和减少信息不对称的作用。此外，也能提高公众对排污权交易相关法律的认可度，对排污权交易的实施大有裨益。

第八章　对排污权交易的保障措施和政策建议

第一节　对排污权交易的保障措施

一、基于政府层面对排污权交易的保障措施

（一）建立严格的初始排污权分配与定价制度

排污权交易总量不得大于环境容量，因此，首先要对排污权交易量进行科学合理的评估和测算，以确定最大环境容量。政府机构应当依据环境保护目标和环境质量标准，结合污染物的扩散模式，设定目标范围内的最大污染量，容许排放量即环境容量。政府机构只有明确了环境容量及其价值，才能为排污权交易的顺利运行创造条件。

企业要确保排污权交易的顺利完成，一定要对总排放量进行合理的估算，建立清晰、明确的价格机制，并采取各种手段确保排污权价格市场化。由于排污权交易机制是"总量控制型"交易机制的一种，所以企

业必须要采取一定的手段，制定长期性的减排总量控制措施，使预期效果得以大幅改善，从一定意义上激发企业的主动性，促使企业自觉地减少污染物排放量。除此以外，企业还应该着力于项目计划的有效推行，使得跨地域的总量项目相互替代问题和总量项目的来源矛盾得以有效缓解。在排污权交易的初始阶段，应采取公开的方式、有偿使用机制，明确许可使用的规模、数量，以及许可量的确定方式和计价办法。

（二）建立健全与排污权交易相关的制度

跨地域的排污权交易需要有更为健全的法规机制以及更为规范的监管体制作为保障。不论是排放许可证的管理问题还是排污权分配问题，也不论是超排污权处分问题还是排污量核算问题，都必须以定量化、精细化的方法来加以管控。虽然说最近一段时间试点区域的在线监测、监控工作已经取得了很大的成功，基本上可以全面涵盖所有污染源，甚至细化污染源也可以涵盖在内，不过这种在线监测、监控所收集到的信息仍然存在精度不够的问题。至于超过比例排污应当予以怎样的惩罚，目前还缺乏一套具体的规范，导致排污权交易机制无法顺利执行。除此以外，公司还必须建立完备的污染指标有偿配置信息管理平台、污染源基本数据库信息管理平台、污染物排放交易账户信息管理平台、污染源总量监控与核定网络平台，以及健全的公司污染物排放量台账体系，对排污权交易体系及其有偿分配制度中涉及的污染源实施全方位监督管理。最后，还必须加大对污染物排放的监督检查力度，一旦企业超量排放污染物，必须对其进行更加严厉的处罚，提高企业的违法生产成本。

（三）建立排污权时空交易折算指标体系

由于不同的污染物在不同的排污场所、排污时段对受控地点产生了不同的影响，而受控地点的环保质量标准是唯一的，所以排污权买卖并不能完全根据一般商业买卖的准则进行。也就是说，排污权买卖并不是按照同一价值尺度标准来完成的。政府应该针对受控地点环境容量的空间特点，及各种污染物单位排放量的污染程度，建立一个交易的计算指标。随着污染物排放量在时间和空间上的分布，不同环境污染源的计算指标框架呈现出更为复杂的空间网络结构，所以理论上各污染源之间互相交换时，也需要根据某种规律加以计算。比如，大气类物质中的环境污染水平可以分为以下三种：第一种为均匀混合的吸收性环境污染源（物），如挥发性有机物质，它的环境污染水平与其污染的时间、位置等关系都不大；确定大气污染物浓度的是总环境污染量，而与来源的分布状况无关，所以对这类环境污染源（物）也可实现等量交换。第二种是非均匀混合吸附类环境污染源（物），如二氧化硫对环境的危害程度与污染源所在地的气候情况有关，且各污染源的交换系数也不同，所以对这类环境污染源（物）进行交换时需要考虑交换比例。第三种是均匀混合的积累性废气，其污染水平随时间的变化而不同。要开展交换的话，政府管理机构可先行制定各个功能区的时空交换核算指标（即兑换率），然后逐步加大对污染物总量的管理力度。

（四）积极转变政府职能

随着国际排污权交易机制的建立和排污权交易市场的发育与健全，政府机构也必须转换观念，从领导者向服务商过渡。政府要从排污权额度的垂直核发者转变为排污权交易的监管者、保障者、服务商。政府职能一般可界定为：区域排污量的统一核算、环境容量的准确评估、排污权的审批、排污权的初次分配、排污权市场交易系统的打造、全国排污权交易市场的建立健全以及相关的法律和法规的制定等。

二、基于企业层面对排污权交易的保障措施

（一）进行科技与机制创新

排污权交易过程中会产生信息采集、谈判等各种交易成本，这在一定程度上会抵消公司参与交易所取得的节约环境污染防治成本的收益，使交易无利可图。所以应该引入新技术手段，建立排污权买卖中介机构，提供买卖信息、代办排污权储存和贷款业务等。同时，需要进行企业机制创新，组建专业化排污信息咨询与服务部门，并形成一定的合作机制。

（二）加强企业污染数据管理和排污权交易网络平台建设

伴随信息化时代的到来，生态环境主管部门必须及时推进中小企业污染数据管理与排污权交易网络平台的互联，逐步构建起排放许可信息管理、"刷卡消费"排放总量信息管理、中小企业排污权基本账户信息

管理、排污权交易信息管理"四合一"的综合监督管理网络平台，以及配套 IC 卡等电子证照信息系统。双管齐下，对各行业的重点污染物浓度及排放量实施全面管理，并革新排污权国际交易管理形式，以尽早实现重点污染物总量减排指标。与此同时，各地方政府和生态环境部门也要发挥行业排放数据与排污权国际交易网络平台互联的价值优势，进一步优化本地环境资源配置，切实提高环境质量。

（三）积极设计排污权交易规则

对于排污权交易市场中可能产生的市场势力等市场失灵问题，应使公众认识到，通过健全法律和法规、出台相应政策以及加强监督管理等，可以有效解决这些问题。相关部门应借鉴国外已经积累的先进经验，并结合我国的实际情况，设计出切实可行的交易规则。交易规则应使企业可以自由出入市场，随时进行交易。公平交易的基础是数据必须准确，所以交易规则中对监测数据和罚款方式等应有详尽规定，同时企业也要尽可能配备在线检测设备，以保证排放数据的准确性。

（四）加强企业与社会性排污组织的合作

排污权交易的成本较高，如果其得不到合理的节约，将会抵消企业通过交易方式可以获得的节约治污成本的巨大收益，交易将变得无利可图，进而削弱交易参与者开展正常市场经济活动的主动性，导致交易失控，并阻碍排污权交易机制优越性的发挥。因此，应由专业化、社会性组织提供相应的环境信息服务，并开展环保融资、对环境容量和污染物排放量信息的储存、贷款等业务。

三、基于法律层面对排污权交易的保障措施

（一）完善排污权交易的法律关系

应针对排污权交易范畴做出具体规定，并形成排污权交易的法规系统。排污权交易机制作为一项市场经济管理手段，只能在遵循法治准则的前提条件下才能发挥作用。相关规定要明确环境资源是指一个公司可使用的公共资源，并明确将公司有偿获取的排污权和其他社会生产要素一样列入公司所有权范畴内；健全排污权交易机制，确保排污权及其交易范畴的合法化，以及公司在排污权交易过程中的交易自主、资源共

享，从而实现市场经济中的平等竞争。排污权其实是企业对一定环境容量资源自主支配的权利，但这种权利的数量是限定的，在初次分配后才可以进行交易。因此要将排污权列入法定调整的范畴，并进行合理的分配与管理，改革由地方生态环境主管部门核发排污许可证的制度，赋予该权益随时交易的权利。

（二）依法科学规定污染物排放量和各企业的允许排放量

应当在立法中明确污染物排放规模和相关设施的允许设立总量，以保证政府削减污染物排放总量任务的完成。另外，应当在立法中对污染物排放规模限制的对象、分析与监测、规模分配等做出具体的要求；完善初始排污权的有偿使用体系，强化监督，以遏制"寻租"现象。通过立法管理排污权交易，并规定排放者可以直接进行排污权交易，由此鼓励其开展减排活动。

（三）完善污染物实时监控系统法律制度

统一监督管理的规范中应当规定地方政府在财务预算中编列专项计划，用于对装配污染物排放实时监控系统的企业进行税收补贴。财政补贴应当分多次提供，避免企业在一次性获得财政补贴之后，疏于对污染物排放实时监控系统的监督管理。当设备检测合格能够投入使用时，给予一次安装补贴，然后每个月给予运行补贴；设备一旦出现严重损毁的情形，还需另行给予维修补贴；当污染物排放实时监控系统应用达到了规定期限时，也要给予定期检查与维护的财政补贴。但是，对于弄虚作假、影响监控系统运行的企业，政府应当停发或者收回财政补贴，并进行经济处罚。对污染物排放实时监控系统运营、维护提供的融资保障，不但可由政府通过财政补贴来实现，还可以吸引财政外部力量。如政府可以在监管上稍微放宽，允许商业银行推出以实时监控系统运营和维护为主要目的的贷款，并要求公司必须以污染物排放实时监控系统的所有设施为主要抵押物。

（四）重点开展排污权交易监管工作

排污权交易的市场监管职能总体上应维持不变，但工作内容要有所偏重。建议将排污权交易的登记、流转、信息公布、市场竞价、合同履行等业务委托给第三方组织以及公共贸易资源平台，由排污权交易行政中心重点开展对排污权交易各方的资质审查和交易确认等工作。其具体内容包括：按照市场监管规则，评判排污权出让方和承接方所属产业之间能否进行交易；确认排污权交易各方的成交量；评判排污权出让方所转让的排污权是否合法，并在合理时间范畴内进行调研，分析排污权受让方在购入排污权后，是否会导致当地环境质量的急剧下降，从而确定是否可以进行交易；确认排污权交易各方在交易后所持有的排污权变动状况；确认排污权交易各方新的许可排放量；将成交记录载入区域排污权管理台账中；督导各省区市开展排污权交易的管理工作等。

四、基于会计层面对排污权交易的保障措施

环境会计的主要参与者是公司，此外还包括政府、专门机构以及环保团体。目前，很多国家的会计学会都设立了与环境和资源相关的专业委员会，委员可通过环境会计实务界和学术团体共同开展环境会计学的研究；政府及环保部门可配合专业委员会共同出台环境会计核算指南，并提出环境污染的企业界定准则，以对企业环境会计核算进行技术性规范等；而会计中介机构及国家审计部门也可成立专门的委员会进行环境审计，以加强对公司会计核算的再监管，并推动公司环境会计核算的落实与规范化。

第二节　对排污权交易监管的政策建议

一、排污权交易市场监管的基本原则

（一）总量减排原则

由于我国工业企业分布极不均匀，且各地区的环境污染严重程度不尽相同，环境污染范围与减排成本也存在着很大的差别，所以在实际排污权交易中，政府必须突破原来的行政区域划分，鼓励所有（区、市）公司进行跨地域交易，并允许排污权指标随意流转，以扩大交易规模，进一步发挥交易市场的功能。跨地域排污权交易机制必须覆盖行业企业并统一进行数量监管，这样各行业企业的指标才能够在规定区域内随意

流转。

(二) 污染物排放权有偿使用原则

在中国，环境对污染物容纳程度的有限性、总量管理任务的困难以及污染源的复杂多样，导致对污染物数量和种类研究的精度受限。所以，在进行排污权交易之初就必须实现污染物总量指标初步分摊的有偿化，并充分体现污染者付费的原则。政府必须对不占有污染指标的旧企业实施改造，或者通过拍卖和奖励等有偿手段对新建企业重新分配排污权，以实现对污染指标的有偿初步分摊。这样政府才能利用交易市场对环境污染源的排放权进行再分配。

(三) 积极试行、慎重推广原则

排污权交易制度虽然已经在很多国家施行，并且取得了很大的成就，但鉴于该制度的复杂性及一些局限性，所以在我国应当坚持"既积极试行又慎重推广"的原则，先行在一些地区、一些重点行业试点，同时进行理论研究，为今后的推广奠定扎实的基础。另外，排污权交易制度还应该和排污收费、排污许可证、环境税、生态补偿等手段相结合，充分考虑与各项环境管理制度的衔接，只有这样才能取得事半功倍的效果。

二、不同发展阶段排污权交易市场监管建议

总体上应注意排污权交易制度与协同发展制度之间的阶段性差异，并进行即时监控和动态调控。初创、发展与成熟三个层次的排污权交易市场协同发展体系一级指标、二级指标权重系数的不同，可以表明对机制需求的不同。政府在培育和发展排污权交易市场主体的过程中，要密切注意市场主体发展层次变化的标志性特点，适时根据市场情况动态转变机制供给，以满足新的发展需要。

(一) 初创阶段

在初创阶段，要强调立法先行、规范跟进。明确清晰的立法定位，是排污权交易市场协同发展的重要机制保证，能够实现发展的"有法可依"，这对企业发展而言尤为重要。因此，政府部门必须建立引导与保障排污权交易协同发展的法规体系，以进一步提高法规的公信力，减少既得利益集团对政策的阻碍；同时，重视政策、法规的实施，把政策、

法规概念转化为实际的规划策略和计划，更加关注国家层面的战略性规划；适时跟进并关注交易流程的规范化，在发展初期就注重对市场的宏观调控与规范建设要求。

（二）发展阶段

在发展阶段，应当高度重视交易市场的规范运作，并且注意以有效的市场管理手段壮大市场规模。在排污权交易市场协同发展阶段，必将产生新市场的集聚效应，且交易规模扩大，但不能因"贪大"而"乱为"。为此，建议加强业务操作的规范性，着重抓好统一的产权登记管理制度，制定统一的交易管理办法。同时，加强监管功能，着重抓好交易全过程审查管理制度、协同管理制度和违法惩罚管理制度的制定工作。当然，也不能"因噎废食"。在该阶段，企业还必须通过市场经济激励手段扩大整体的经营规模，提升经营效率，并着重扩展指定的进场交易清单目录，构建与其他资本市场的报价互认等机制，包括增加排污权交易标的、增加受让方主体数量等，以便于活跃排污权交易，从而实现排污权交易与企业投融资规模的需求深度互动，推动企业排污权交易资本化。

（三）成熟阶段

在成熟阶段，亟须加强对宏观与微观两个维度的"管控"。排污权交易市场协同开发走向成熟阶段后，全省范围内只留下几个交易平台，此类交易市场格局如不规范管理，极易形成寡头局面，从而危害经济增长效果和各市场主体的利益。尤其是进行排污权交易的企业关联方众多，如果交易组织成为一个系统，便会成为各方利益争夺的焦点，极易出现协同组织各方之间互相扯皮的现象及监管真空地带。因此，一方面，政府应下大力气加强市场监管，逐步建立同标准的交易全过程审查机制、政策监督机制以及更严厉的违法惩戒机制，在依托国家统一信息系统平台的全过程交易监管执法联合体系的基础上，把排污权交易作为地方政府部门环境综合治理表现的评价指标，并制定与地方联动的政绩综合考核制度，以确保协同市场的健康发展和功能最大化。另一方面，要制定具体的各类交易标准，特别要注意系统的交易质量控制办法，建立凭证互认系统和征信互通系统，尤其是要在互联网上落实线上交易的全过程控制。当然，宏观和微观两个层次的监管机制的完善，均要有司法强制力的保证，这就对相应的制度构建提出了新的要求。

三、规范完善排污权交易市场监管的具体建议

（一）逐步拓宽城市排污权交易市场和服务主体的范围

排污权交易也要求相应的技术和经营条件，因为只有在社会主义市场经济发展比较成熟、法规和公共管理制度比较完善、环境监测能力比较强的地方，才能建设排污权交易市场。当前比较适合的区域是我国东南沿海经济带和东部市场经济发展相对成熟的部分城市，所以要逐渐扩大排污权交易市场规模，并争取形成全球性市场。而关于排污权交易主体的确定，可以参考国外的成功经验，包括一和二级市场的交易主体，以及个人、企事业单位和地方政府部门。同时，要选用最合理的交易方式。在初始阶段，排污权转让可采用分散形式，公司中富余的排污权既可通过公平竞价的方式处理，也可与购买者独立协商；应保证市场交易主体的平等性，不论是公司，还是政府部门、社会各类机构以及个人排污者，均能够作为交易主体。提倡公民广泛加入排放权交易活动中，可通过获得排污权许可等方法治理污染，以维护自己的生命健康与保护环境。

（二）完善环境监测体系

排污权交易过程是否顺利，关键在于如何正确计算污染物的实际排放量。目前在中国，环境污染的监测工作还不够有效、精准、严格。只有确定了每家排污企业的法定排污量与实际排放量之间的相对关系，排污权才具备交易的性质。所以，完善环境监测体系是确保排污权交易过程公平、开展公司环境质量工作的关键。同时，还必须建设以计算机和互联网为平台的排污追溯体系、考核调整体系等，让相关人员更准确地掌握公司的环境污染情况和排污权交易状况。此外，还应当在中国外汇交易中心（全国银行间同业拆借中心）上设置环境信息公告栏，并适时发布信息，以保障公众的知情权，将企业的环境保护工作全面列入社会监管范畴，以增强公众的环保意识。

设立区域排污权交易工作台账，并以企业信息管理系统的形式，借

助国家排污许可核发系统管理端和公共信息网络平台，统一进行区域排放指标监督管理。如果没有明确的区域排污权交易工作台账，就可能会出现将一个排放指标同时销售给不同排污机构的情形。设立区域排污权交易工作台账，目的是确定每一次交易的指标来源和去向，减少重复使用地方污染指标的情况，从而推动地方污染物排放量的减少，并促进地方污染指数等量替代机制的建立。地方排污权交易管理机构也有责任落实工作台账管理制度，并做好相关的信息披露工作。

（三）完善市场准入制度

污染物排放严重超标的公司是最需要排污权配额的，如果允许其收购其他公司富余的排污权配额，不仅可以推动其继续完成原有产品的生产任务，而且有机会通过盈利或改善工艺、引进先进技术以减少污染。另外，污染物超标排放企业的增加，将导致市场需求进一步扩大，而排污权的市场价格也将"水涨船高"，对盘活整体排污权市场大有裨益。环保公益团体和个人也应该被允许购入排污权，因为一旦购买完成，就会使二级市场的排污权存量减少，从而促使企业通过改进工艺流程、更新设备来减少环境污染；即使不能购买，个人或者环保公益团体参加竞拍，同样会使排污权交易价值增加，使企业购置排污权的成本增加，也可以帮助企业主动减少环境污染。目前，排污权交易市场准入机制尚有非常大的发展空间，需要进一步完善，以促进排污权交易的更快发展。另外，一些地区把餐饮业、医院、家畜饲养、城镇污水集中式处理、城市垃圾渗滤液处理等排除在排污权交易管理范畴以外，主要理由是其并不实行污染总量管理。值得注意的是，这些行业由于与人们的生活密切相关，所以尽管并不实行污染总量管理，但实际上它们所产生的污染总量却非常大，若不纳入排污权交易管理范畴，就相当于完全放弃了以市场机制解决这些污染物排放大户的污染问题，这也与排污权交易的根本目的不符。可以确认的是，我国部分地区已完成了对所有新增污染源排污权交易的全覆盖，也即不管有没有严格执行污染总量限制的政策，只要有新增污染源，就应该列入排污权交易管理范畴。

由于排污权交易制度总体而言是一种环保法律制度，其基本目的是改善大气质量，整治环境，所以政府要保障该目的实现，其监管权原则上应交由生态环境主管部门统一行使。现实中，我国排污权交易的上位机制——污染物总量限额制度和排放许可制度是由生态环境主管部门主要制定和执行的；试点区域内承担排污权交易监管工作的，也是生态环境主管部门。所以，通过统一监管制度确定排污权交易必须由生态环境部门承担主要监管工作，既有助于排污权交易基本目的的达成，又适合我国当前的环境保护实际需要。另外，对由政府拍卖回购的排污权也必须加以约束，因为只有在排污权交易供需失调甚至有价无市的情况下，地方政府部门才能够进行拍卖。

相关部门应制定国内通用的排污权交易市场准入标准，统一管理规定，将所有环境污染源，无论有无执行污染总量限制的规定，均纳入排污权交易管理范围中。另外，还应该允许环保公益组织介入排污权交易，对其购买的排污权不作约束，但其转让排污权则必须从严进行约束，并设定先决条件，同时要经过生态环境主管部门的批准。环保公益组织在参与排污权交易的过程中可以发挥制约功能。如前文所述，其能保护排污权交易的市场竞争环境，减少市场中的排污权数量，或是提高排污权的市场价值，又或是三者兼而有之。环保公益组织一旦转让手中的排污权，能发挥的最大功能就是打折，所以需要严格约束。

（四）完善产权制度

首先应该清楚地界定排污权的使用权与经营权，而后再进行环境产权的市场化，防止因产权的界定与交换而导致环境产权市场的无序与垄断，从而使环境产权失序。要建立成熟的排污权交易市场，但也要把部分排污权的所有权私有化，为引入完善的市场机制创造条件。在进行排污权所有权的设定时，应当兼顾环境容量的规模与环境净化水平，形成可"回收"的环保治污资金体系。

（五）强化对排污权交易的评估和监督

对排污权交易活动的评估和监督是保障政府环保工作正常高效运转的重要一环。所以，必须结合实际情况建立排放追溯系统、年度调整系统与许可证追溯体系，并通过生产单位的连续监控设备来确保污染物排放量统计的完整性和可靠性，对各企业所需调整的配额总量实行精准核算和严格核查；同时，发挥生态环境部门的考核和监督功能，保证各生产单位都拥有排污许可证。此外，还必须采用更先进的检测装置，优化考核和监管体系，制定更加规范的奖励、惩戒措施，以保证排污权交易的有序进行。

从美国的实际情况来看，美国排污权交易的顺利开展主要归功于美国环保局通过三个大数据信息系统对排污权交易所进行的持续评估与监控：一是排放追溯系统。排放信息由美国各电厂的监测系统与监控设备提供，以确保污染物排放量信息的准确、全面；二是年度调查系统，主要负责统计并核算出各企业在年终所应扣减或追加的配额总量；三是许可追踪系统，主要负责向美国环保局提交各企业排放是否达标的相关信息，并向美国排污许可证中心提交有关许可证持有人、交易时间的数据。所以，要规范与完善排污权交易，必须在审批和监管方面下大力气，建立包含完善的检测设备、高效的监管力量、完善的考核和调度体系、严厉的惩戒手段等内容在内的审批和监管制度，从而实现总量管理和排污权交易有序进行的目标。

（六）提高标的物的选择质量

排污权要进行市场化交易，除必须具备一般交易标的物所共有的基本特征（如属性明确、易于计量、易于监测等）外，还必须考虑污染的点源属性是否类似、排污口污染物是否较为单一、是否容易监控等因素。显然，如果不能对交易标的物进行准确评估，交易本身就失去了市场价值。如果点源排放的污染物有多种，对其中一种污染物实施排污权交易，会导致其他污染物的排放量增加，则说明这项制度是不适合的。如果不能进行有效监控，一定会出现"漏报""低报"等钻空子现象，从而抵消政策的功效。参照国外经验及中国的实际情况，建议国内排污权交易标的物以电厂的二氧化硫为主。其主要理由为：电厂排放的二氧化硫是地区大气的主要污染源，政策推行的社会效益和环境效益较高；电厂二氧化硫边际治理成本差异较大，具备交易的基础性条件；电厂二氧化硫排放量的计量方法和计量体系基本健全；电力系统已经建立起完善的电量计量网络系统，配合现有的在线监测装置，可较为准确地进行污染物计量和监测；国外电厂的排污经验相对丰富，政策推广易于成功。

（七）积极应对环境侵害排除责任

当前，应提高环境侵害排除责任的可操作性。第一，增强环境侵害排除方法设置的科学性。环境侵害排除责任的有效履行有赖于具体实施方法的科学性，但由于部分法官专业知识储备的局限性，他们往往无法就环境侵害排除方法中的技术性、专业化等问题做出全面、精确、迅速的安排。所以，当遇到专业技术问题时，法官们不能任意使用自由裁量权，而应当听取专家证人、专家技术辅助人、专家顾问委员会、专家陪审团等的意见，破除在环境污染诉讼中的技术壁垒。第二，实现民事责任承担主体的多样化。虽然排污企业或个人是环境侵害排除（民事）责任当然的主要承担者，但排污企业或个人在处理环境侵害排除技术难题时力有未逮，为了解决污染者技术方面的问题，有必要对环境侵害排除民事责任的承担主体加以完善。第三，建设完善的后续检测和验证体系。首先，要加强监督力量，以环境侵害排除方法为基础，对环境侵害排除责任的具体履行过程开展定期督导，或者由排污企业定期向地方生态环境主管部门和法院书面报告责任落实情况，认真评估落实方法的适当性和责任履行的合规性，积极解决考核中出现的问题。其次，要明确环保监测与验收的主体。

在可持续发展理念的指引下，环境侵害排除责任的确立需要打破原有侵害排除责任履行模式所带来的环境限制，并应用新观念进一步拓展侵害排除责任的生态化内容。从具体的履行形式角度看，人民法院既可以直接对环境污染者的生产经营期限、工作场所等进行必要约束，又可以采取引入环境保护手段和设施、制定环境污染科学处置方法、申请环境评估等方式，从根源上减少因生产经营活动所导致的环境污染，在消除环保隐患的同时增强企业或公民的社会责任心。所以，法律部门应遵循清洁生产、循环发展等原则，对环境侵害排除责任的履行模式进行科学性、规范性、更深层的探索，最大程度实现环境侵害排除责任在生态与环保事业中的有效防范和管理作用。当然，为了避免"司法恣意"性，法律部门在制定环境侵害排除责任的具体措施时应当兼顾方法和目的选择的恰当度，并遵循比例原则。

（八）维持政策的持续性

政府部门应通过加强执法队伍建设，强化政府对排污权交易市场的监管职能。同时，以科学的发展观协调经济增长和环境保护之间的关系。打破狭隘的地方保护主义，纠正片面的发展观念，建立绿色GDP核算制度，用可持续的经济发展思路重新认识经济增长的内涵。制定并确立相关的产业政策，在正确处理经济发展和环境矛盾的前提下，重新选择适宜的主导产业与支柱产业。

（九）将碳排放权交易摆在重要位置

可再生能源配额制与碳排放权交易制度并行实施将发挥制度间的互补效应，但是，碳排放权交易造成的用电成本提高可能会降低制度实施效率。政策制定者需采取其他配套措施，如将企业的碳排放权交易收入或政府罚金所得部分返还给消费者，通过此类补贴减缓用电成本上升的负面影响。此外，建议对售电商的增值服务展开研究，增强零售电力市场的竞争性，以减少售电商转嫁给消费者的成本。

本章已讨论了两项制度并行实施给电力供应链带来的影响，但对配额比例的假设较为严格，同时忽略了电力网络的物理约束。未来将在此基础上放松对配额比例的假设，进一步分析物理约束的政策效果与相互作用。

此外，还要重视国际层面的协同作用。所谓国际层面的协同作用，是指在尊重各方利益多样化要求的前提下，建立综合、统一的国际政策体系，为全球层面的排污权交易合作提供具体的政策指引，以推动各国排污权交易系统的统一运行。由于全球政治、经济格局的变化与经济社会一体化的发展趋势，当今世界各国间联系的紧密性已经超越了以往任何一个时代，这也使得人类社会越来越深刻地意识到世界各个领域间、各种国际条约体系间的相互联系，尤其是与气候变化有关的政策主张，在世界其他国际条约体系中产生了越来越强大的共鸣力。因此，国际层面的协同作用对处理利益冲突问题有着至关重要的意义。《巴黎协定》采取自下而上的监督机制，给各缔约方以一定的自主性；各缔约方也将进一步增强合作意识，以共同目标为基点，超越各自的利益，为实现世界气候管理目标而合作，推动人类协同发展、可持续发展迈上新台阶。

主要参考文献

[1]　AMBEC S, CORIA J. Policy spillovers in the regulation of multiple pollutants [J]. Journal of Environmental Economics and Management, 2018, 87 (1): 114-134.

[2]　ARGUEDAS C, CABO F, MARTÍN‐HERRÁN G. Optimal pollution standards and non‐compliance in a dynamic framework [J]. Environmental and Resource Economics, 2017, 68 (3): 537-567.

[3]　ARGUEDAS C. To comply or not to comply? Pollution standard setting under costly monitoring and sanctioning [J]. Environmental and Resource Economics, 2008, 41 (2): 155-168.

[4]　ATKINSON S. E, TIETENBERG T. H. Market failure in incentive based regulation: The case of emission trading [J]. Journal of Environmental Economics and Management, 1991, (21): 17-31.

[5]　ALTAMIRANO-CABRERA J C, FINUS M. Permit trading and stability of international climate agreements [J]. Journal of Applied Economics, 2006, 9 (1): 19-47.

[6]　BANSAL S, GANGOPADHYAY S. Tax/Subsidy policies in the presence of environmentally aware consumers [J]. Journal of Environmental Economics and Management, 2003, 45 (2): 333-355.

[7]　BAUMOL W, OATES W. E. The theory of environmental policy [M]. Cambridge: Cambridge University Press, 1988.

[8]   BETZ R. Auctioning greenhouse gas emissions permits in Australia [J].
       Australia Journal of Agricultural and Resource Economics, 2010 (54):
       219-238.

[9]   BELADI H, LIU L, OLADI R. On pollution permits and abatement [J].
       Economics Letters, 2013, 119 (3): 302-305.

[10]   BENCHEKROUN H, CHAUDHURI A R. Cleaner technology and the
       stability of international environmental agreements [J]. Journal of Public
       Economic Theory, 2015, 17 (6): 887-915.

[11]   BENCHEKROUN H, CHAUDHURI A R. Transboundary pollution and
       clean technologies [J]. Resource and Energy Economics, 2014, 36
       (2): 601-619.

[12]   BERTINELLI L, CAMACHO C, ZOU B. Carbon capture and storage
       and transboundary pollution: A differential game approach [J].
       European Journal of Operational Research, 2014, 237 (2): 721-728.

[13]   CASON T N, GANGADHARAN L, DUKE C. Market power in tradable
       emission markets: A laboratory test bed for emission trading in port
       Phillip Bay, Victoria [J]. Ecological Economics, 2003, 46 (3):
       469-491.

[14]   CASON T N, GANGADHARAN L. Transactions costs in tradable permit
       markets: An experimental study of pollution market designs [J].
       Journal of Regulatory Economics, 2003, 23 (2): 145-165.

[15]   CARRARO C, TOPA G. Taxation and environmental innovation [J].
       Annals of the International Society of Dynamic Games, 1995, 2 (1):
       109-139.

[16]   CHAABANE A, RAMUDHIN A, PAQUET M. Design of sustainable
       supply chains under the emission trading scheme [J]. International
       Journal of Production Economics, 2012, 135 (1): 37-49.

[17]   CHANG M C, HU J L, TZENG G H. Decision making on strategic
       environmental technology licensing: Fixed-fee versus royalty licensing
       methods [J]. International Journal of Information Technology and
       Decision Making, 2009, 8 (3): 609-624.

[18]   CHANG S, QIN W, WANG X. Dynamic optimal strategies in
       transboundary pollution game under learning by doing [J]. Physica A:
       Statistical Mechanics and Its Applications, 2018, 490 (15): 139-147.

[19]   CHANG S, SETHI S P, WANG X. Optimal abatement and emission

permit trading policies in a dynamic transboundary pollution game [J].
Dynamic Games and Applications, 2018, 8 (3): 542-572.

[20] COASE, R. The problem of social cost [J]. Journal of Law and Economics, 1960 (3): 1-44.

[21] CORNWELL A, TRAVIS J, GUNASEKERA. Framework for greenhouse emission trading in Australia [C]. Canberra: Industry Commission Staff Research Paper, 1997.

[22] CROCKER T. D, WOLOZIN H. The structuring of atmospheric pollution control system, the economics of air pollution [M]. New York: W.W. Norton & Co, 1996: 61-86.

[23] DAI R, ZHANG J. Green process innovation and differentiated pricing strategies with environmental concerns of south-north markets [J]. Transportation Research Part E: Logistics and Transportation Review, 2017, 98 (2): 132-150.

[24] DALES J. Pollution, property and prices [M]. Toronto: University of Toronto Press, 1968.

[25] DE FRUTOS J, MARTÍN-HERRÁN G. Spatial vs. non-spatial transboundary pollution control in a class of cooperative and non-cooperative dynamic games [J]. European Journal of Operational Research, 2019, 276 (1): 379-394.

[26] DOCKNER E J, LONG N V. International pollution control: Cooperative versus non-cooperative strategies [J]. Journal of Environmental Economics and Management, 1993, 25 (1): 13-29.

[27] EL OUARDIGHI F, KOGAN K, GNECCO G, et al. Transboundary pollution control and environmental absorption efficiency management [J]. Annals of Operations Research, 2020, 287 (2): 653-681.

[28] FAN C, JUN B H, WOLFSTETTER E, et al. Optimal licensing of technology in the face of (asymmetric) competition [J]. International Journal of Industrial Organization, 2018, 60 (9): 32-53.

[29] FANOKOA P S, TELAHIGUE I, ZACCOUR G. Buying cooperation in an asymmetric environmental differential game [J]. Journal of Economic Dynamics and Control, 2011, 35 (6): 935-946.

[30] FEENSTRA T, DE ZEEUW A, KORT P M. International competition and investment in abatement: Taxes versus standards [J]. Environmental Economics and International Economy, 2002 (25):

89-98.

[31] FEICHTINGER G, LAMBERTINI L, LEITMANN G, et al. R&D for green technologies in a dynamic oligopoly: Schumpeter, arrow and inverted-U's [J]. European Journal of Operational Research, 2016, 249 (3): 1131-1138.

[32] GARCIA A, LEAL M, LEE S H. Time - inconsistent environmental policies with a consumer - friendly firm: Tradable permits versus emission tax [J]. International Review of Economics & Finance, 2018, 58 (11): 523-537.

[33] GIL-MOLTÓ M J, VARVARIGOS D. Emission taxes and the adoption of cleaner technologies: The case of environmentally conscious consumers [J]. Resource and Energy Economics, 2013, 35 (4): 486-504.

[34] HARTL R F. Optimal acquisition of pollution control equipment under uncertainty [J]. Management Science, 1992, 38 (5): 609-622.

[35] HAHN R, NOLL R. Designing a market for tradable emissions permits, in reform of environmental regulation [M]. Cambridge: Cambridge University Press, 1982.

[36] HAHN R, HESTER G. L. Where did all the markets go? An analysis of EPA's emission trading program [J]. Yale Journal of Regulation, 1989 (6): 109-153.

[37] HATTORI K. Optimal combination of innovation and environmental policies under technology licensing [J]. Economic Modelling, 2017, 64 (8): 601-609.

[38] HELFAND G E. Standards versus taxes in pollution control: Handbook of environmental and resource' economics [M].Cheltenham: Edward Elgar Publishing, 2002.

[39] HEYWOOD J S, LI J, YE G, et al. Per unit vs. ad valorem royalties under asymmetric information [J]. International Journal of Industrial Organization, 2014, 37 (1): 38-46.

[40] HOEL M, KARP L. Taxes versus quotas for a stock pollutant [J]. Resource and Energy Economics, 2002, 24 (2): 367-384.

[41] HONG F. Technology transfer with transboundary pollution: A signalling approach [J]. Canadian Journal of Economics, 2014, 47 (3): 953-980.

[42] HUANG X, HE P, HUA Z. A cooperative differential game of

transboundary industrial pollution between two regions [J]. Journal of Cleaner Production, 2015, 120 (5): 43-52.

[43] INNERS, R. Stochastic pollution, costly sanctions, and optimality of emission permit banking [J]. Journal of Environmental Economics and Management, 2003 (450): 546-568.

[44] JIANG K, YOU D, LI Z, et al. A differential game approach to dynamic optimal control strategies for watershed pollution across regional boundaries under eco-compensation criterion [J]. Ecological Indicators, 2019, 105 (10): 229-241.

[45] JØRGENSEN S, MARTÍN-HERRÁN G, ZACCOUR G. Dynamic games in the economics and management of pollution [J]. Environmental Modeling & Assessment, 2010, 15 (6): 433-467.

[46] JØRGENSEN S, ZACCOUR G. Time consistent side payments in a dynamic game of downstream pollution [J]. Journal of Economic Dynamics and Control, 2001, 25 (12): 1973-1987.

[47] KRAWCZYK J B, ZACCOUR G. Management of pollution from decentralized agents by local government [J]. International Journal of Environment and Pollution, 1999, 12 (2): 343-357.

[48] KAMIEN M I, OREN S S, TAUMAN Y. Optimal licensing of cost-reducing innovation [J]. Journal of Mathematical Economics, 1992, 21 (5): 483-508.

[49] KARP L, ZHANG J. Taxes versus quantities for a stock pollutant with endogenous abatement costs and asymmetric information [J]. Economic Theory, 2012, 49 (2): 371-409.

[50] KATSOULACOS Y, XEPAPADEAS A. Environmental innovation, spillovers and optimal policy rules: Environmental policy and market structure [M]. Dordrecht: Springer Press, 1996.

[51] KIM S, LEE S. The licensing of eco-technology under emission taxation: Fixed fee vs. auction [J]. International Review of Economics and Finance, 2016, 45 (9): 343-357.

[52] KORT P M. Pollution control and the dynamics of the firm: The effects of market-based instruments on optimal firm investments [J]. Optimal Control Applications and Methods, 1996, 17 (4): 267-279.

[53] KOSSIORIS G, PLEXOUSAKIS M, XEPAPADEAS A, et al. Feedback Nash Equilibria for non-linear differential games in pollution control [J].

Journal of Economic Dynamics and Control, 2008, 32 (4): 1312-1331.

[54] KRASS D, NEDOREZOV T, OVCHINNIKOV A. Environmental taxes and the choice of green technology [J]. Production and Operations Management, 2013, 22 (5): 1035-1055.

[55] LAI Y B, HU C H. Trade agreements, domestic environmental regulation, and transboundary pollution [J]. Resource and Energy Economics, 2008, 30 (2): 200-228.

[56] LA TORRE D, LIUZZI D, MARSIGLIO S. Pollution control under uncertainty and sustainability concern [J]. Environmental and Resource Economics, 2017, 67 (4): 885-903.

[57] LEE S H, PARK S H. Tradable emission permits regulations: The role of product differentiation [J]. International Journal of Business and Economics, 2005, 4 (3): 249-261.

[58] LI H, GUO G. Dynamic decision of transboundary basin pollution under emission permits and pollution abatement [J]. Physica A: Statistical Mechanics and its Applications, 2019, 532 (10): 1-16.

[59] LI S. A differential game of transboundary industrial pollution with emission permits trading [J]. Journal of Optimization Theory and Applications, 2014, 163 (2): 642-659.

[60] LI S. Dynamic optimal control of pollution abatement investment under emission permits [J]. Operations Research Letters, 2016, 44 (3): 348-353.

[61] LIST J A, MASON C F. Optimal institutional arrangements for transboundary pollutants in a second - best world: Evidence from a differential game with asymmetric players [J]. Journal of Environmental Economics and Management, 2001, 42 (3): 277-296.

[62] LI S, PAN X. A dynamic general equilibrium model of pollution abatement under learning by doing [J]. Economics Letters, 2014, 122 (2): 285-288.

[63] MARTÍN-HERRÁN G, RUBIO S J. Second-best taxation for a polluting monopoly with abatement investment [J]. Energy Economics, 2018, 73 (6): 178-193.

[64] MASOUDI N, ZACCOUR G. Emissions control policies under uncertainty and rational learning in a linear-state dynamic model [J]. Automatica, 2014, 50 (3): 719-726.

[65] MCDONALD S, POYAGO-THEOTOKY J. Green technology and optimal emissions taxation [J]. Journal of Public Economic Theory, 2017, 19 (2): 362-376.

[66] MENEZES F M, PEREIRA J. Emissions abatement R&D: Dynamic competition in supply schedules [J]. Journal of Public Economic Theory, 2017, 19 (4): 841-859.

[67] MONER-COLONQUES R, RUBIO S. The timing of environmental policy in a duopolistic market [J]. Economia Agraria y Recursos Naturales, 2015, 15 (1): 11-40.

[68] MONTGOMERY W D. Markets in licenses and efficient pollution control programs [J]. Journal of Economics Theory, 1972, 5 (3): 395-418.

[69] PETROSJAN L, ZACCOUR G. Time-consistent shapley value allocation of pollution cost reduction [J]. Journal of Economic Dynamics and Control, 2003, 27 (3): 381-398.

[70] REQUATE T. Pollution control in a cournot duopoly via taxes or permits [J]. Journal of Economics, 1993, 58 (3): 255-291.

[71] SALTARI E, TRAVAGLINI G. The effects of environmental policies on the abatement investment decisions of a green firm [J]. Resource and Energy Economics, 2011, 33 (3): 666-685.

[72] MACKENZIE I A. Prices versus quantities: Technology choice, uncertainty and welfare [J]. Environmental and Resource Economics, 2014, 59 (2): 275-293.

[73] STAVINS R. N. Transaction cost and tradable permits [J]. Journal of Environmental Economics and Management, 1995, (29): 133-148.

[74] SVENDSEN G T, VESTERDAL M. How to design greenhouse gas trading in the EU? [J]. Energy Policy, 2003 (31): 1531-1539.

[75] TAKARADA Y. Transboundary pollution and the welfare effects of technology transfer [J]. Journal of Economics, 2005, 85 (3): 251-275.

[76] WEN W, ZHOU P, ZHANG F. Carbon emissions abatement: Emissions trading vs consumer awareness [J]. Energy Economics, 2018, 76 (8): 34-47.

[77] WEITZMAN M L. Price vs. quantities [J]. Review of Economic Studies, 1974 (4): 41.

[78] WIRL F. Pigouvian taxation of energy for flow and stock externalities and strategic, non-competitive energy pricing [J]. Journal of

Environmental Economics and Management，1994，26（1）：1-18.

[79] XEPAPADEAS A．Policy adoption rules and global warming［J］．Environmental and Resource Economics，1998，11（3）：635-646.

[80] XIA H，FAN T，CHANG X．Emission reduction technology licensing and diffusion under command-and-control regulation［J］．Environmental and Resource Economics，2017，72（2）：477-500.

[81] XU X，HE P，XU H，et al．Supply chain coordination with green technology under cap-and-trade regulation［J］．International Journal of Production Economics，2017，183（1）：433-442.

[82] YANASE A．Dynamic games of environmental policy in a global economy：Taxes versus quotas［J］．Review of International Economics，2007，15（3）：592-611．

[83] YANASE A．Global environment and dynamic games of environmental policy in an international duopoly［J］．Journal of Economics，2009，97（2）：121-140.

[84] YEUNG D W．Dynamically consistent cooperative solution in a differential game of transboundary industrial pollution［J］．Journal of Optimization Theory and Applications，2007，134（1）：143-160．

[85] YEUNG D W，PETROSYAN L A．Cooperative dynamic games with control lags［J］．Dynamic Games and Applications，2019，9（2）：550-567．

[86] ZHAO X，YIN H，ZHAO Y．Impact of environmental regulations on the efficiency and CO_2 emissions of power plants in China［J］．Applied Energy，2015，149（1）：238-247.

[87] 钱水苗．论政府在排污权交易市场中的职能定位［J］．中州学刊，2005（3）：87-90．

[88] 郭思哲，黄晓园，侯明明．排污权交易市场构建的技术要件分析研究［J］．生态经济，2013（7）：59-62．

[89] 胡彩娟．排污权交易市场协同发展制度指标体系研究［J］．中国人口·资源与环境，2018，28（4）：155-162．

[90] 甄杰，任浩．排污权交易市场构建中的问题与对策研究［J］．科技进步与对策，2009，26（13）：42-44．

[91] 刘贞，张希良，张继红，等．排污总量控制下的电力交易市场与排污权交易市场分析［J］．电力系统保护与控制，2009，37（22）：4-8．

[92] 郑志来．市场配置有效性与区域排污权交易市场的构建［J］．节水灌溉，

2015（6）：66-69.

[93] 李寿德，程少川，柯大钢．我国组建排污权交易市场问题研究［J］．中国软科学，2000（8）：19-23.

[94] 胡民．中国构建排污权交易市场的路径分析［J］．特区经济，2011（7）：16-18.

[95] 景国文．碳排放权交易试点政策与地区经济高质量发展［J］．当代经济管理，2022，44（6）：50-59.

[96] 张进财，曾子芙．论我国排污权交易制度的不足与完善［J］．环境保护，2020，48（7）：51-53.

[97] 赵细康．中国排污权交易市场如何破局？［J］．环境保护，2009（10）：26-28.

[98] 黄志平．碳排放权交易有利于碳减排吗？——基于双重差分法的研究［J］．干旱区资源与环境，2018，32（9）：32-36.

[99] 刘传明，孙喆，张瑾．中国碳排放权交易试点的碳减排政策效应研究［J］．中国人口•资源与环境，2019，29（11）：49-58.

[100] 董直庆，王辉．市场型环境规制政策有效性检验——来自碳排放权交易政策视角的经验证据［J］．统计研究，2021，38（10）：48-61.

[101] 郭蕾，肖有智．碳排放权交易试点是否促进了对外直接投资？［J］．中国人口•资源与环境，2022，32（1）：42-53.

[102] 王为东，王冬，卢娜．中国碳排放权交易促进低碳技术创新机制的研究［J］．中国人口•资源与环境，2020，30（2）：41-48.

[103] 杨露鑫，刘玉成．环境规制与地区创新效率：基于碳排放权交易试点的准自然实验证据［J］．商业研究，2020（9）：11-24.

[104] 黄贤金．生态文明建设应注重发挥市场主导作用［J］．群众，2014（9）：15-16.

[105] 徐一剑，李潭峰，徐丽丽．国土空间总体规划温室气体核算模型［J］．气候变化研究进展，2022，18（3）：355-365.

[106] 徐影，郭楠，茹凯丽，等．碳中和视角下福建省国土空间分区特征与优化策略［J］．应用生态学报，2022，33（2）：500-508.

[107] 黄霞，魏文慧．我国城市水污染物排放权交易的法律分析［J］．安全与环境工程，2012，19（3）：1-4，23.

[108] 裴宏齐．环境侵权行为之行为违法性论［J］．法制与社会，2007（6）：222-224.

[109] 范定祥，廖进中．水污染物排放权交易的国际研究动态［J］．山东社会科学，2010（11）：89-92，102.

[110] 肖江文，罗云峰，赵勇，等．排污申报机制设计的博弈分析 [J]．系统工程理论与实践，2002（11）：87-91．

[111] 夏德建，孙睿，任玉珑．政府与企业在排污权定价中的演化稳定策略研究 [J]．技术经济，2010，29（3）：23-27．

[112] 陈磊，张世秋．排污权交易中企业行为的微观博弈分析 [J]．北京大学学报（自然科学版），2005（6）：926-934．

[113] 刘娜．中国建立碳交易市场的可行性研究及框架设计 [D]．北京：北京林业大学，2011．

[114] 陈维春，曲扬．美国排污权交易对我国之启示 [J]．华北电力大学学报（社会科学版），2013，86（6）：1-5．

[115] 孙鹏程，贾婷，成钢，等．排污权有偿使用和交易制度设计、实施与拓展 [M]．北京：化学工业出版社，2017．

[116] 赵文娟，宋国君．美国区域排污权交易市场"RECLAIM计划"的经验及启示 [J]．环境保护，2018，46（5）：75-77．

[117] 王小军．美国排污权交易实践对我国的启示 [J]．科技进步与对策，2008，213（5）：142-145．

[118] 赵舸，张晓璇．德国排污权交易制度的法律实践与评价 [J]．群文天地，2011，227（12）：229．

[119] 白利．排污权交易理论与实践发展 [M]．杭州：浙江工商大学出版社，2019．

[120] 支海宇．排污权交易理论及其在中国的应用研究 [M]．大连：东北财经大学出版社，2014．

[121] 肖红蓉．中国温室气体排放权交易制度的构建与完善 [D]．武汉：武汉大学，2010．

[122] 段欢欢．排污权交易法律制度研究 [D]．重庆：西南政法大学，2010．

[123] 韩洪霞．探讨排污许可证制度的有效实施 [D]．青岛：中国海洋大学，2009．

[124] 邹云锋．环境容量约束下的企业排污监督博弈分析 [D]．重庆：重庆师范大学，2013．

[125] 朱凡．中国二氧化硫排污权交易制度创新研究 [D]．长春：吉林大学，2021．

[126] 张国珍，刘慧．流域城市水交易中"保护价格"的计算——以黄河流域兰州段为例 [J]．资源科学，2010（2）：172-179．

[127] 罗兰．大气排污交易定价技术研究 [D]．湘潭：湘潭大学，2021．

[128] 高明，廖梦灵．雾霾治理中的协作机制研究：基于演化博弈分析 [J]．运

筹与管理，2020，29（5）：9．

[129] 高旭阔，席子云．组合措施下政府与企业排污行为演化博弈［J］．中国环境科学，2020，40（12）：9．

[130] 商波，杜星宇，黄涛珍．基于市场激励型的环境规制与企业绿色技术创新模式选择［J］．软科学，2021（5）．

[131] 曲卫华，尹洁，张信东．考虑公众参与环境行为的公共健康两方博弈演化模型研究［J］．中国管理科学，2021，29（10）：13．

[132] 陆秋琴，曹瑞钰，黄光球．VOCs协同防控中多利益主体行为博弈与演化仿真分析［J］．重庆理工大学学报（自然科学版），2021，35（12）：13．

[133] 宋民雪，刘德海．群体性突发事件化解机制的随机演化博弈模型［J］．中国管理科学，2020（4）：11．

[134] 温丹辉，丁守宏，孙振清．动态成本特征下的散乱污染源治理演化博弈研究［J］．生态经济，2022，38（2）：7．

[135] 沈娜娜，张祖平．渤海海洋环境治理的演化博弈分析［J］．海洋通报，2022（2）：41．

[136] 徐浩．基于微分博弈的企业污染控制研究［D］．成都：西南交通大学，2020．

[137] 魏伟．环境政策对厂商污染治理R&D投资与社会福利的影响研究［D］．上海：上海交通大学，2011．

索引

全国统一排污权交易
市场监管建设研究

Research on the Construction of the Supervision of
National Unified Emission Rights Trading Market

陈昕 著

ISBN 978-7-5654-4956-7

9 787565 449567 >

定价：58.00元